Albrecht Kollmar · Die Strahlungsverhältnisse im beheizten Wohnraum

DIE STRAHLUNGSVERHÄLTNISSE IM BEHEIZTEN WOHNRAUM

mit Berechnung der Einstrahlzahlen

in der Heiz-, Beleuchtungs- und Feuerungstechnik

(Winkelverhältnisse im Parallelepipedon)

von

ALBRECHT KOLLMAR

Mit 29 Abbildungen

und 108 Figuren im Text

MÜNCHEN 1950

VERLAG VON R. OLDENBOURG

Satz: Buchdruckerei Oswald Schmidt, Leipzig
Druck und Buchbinderarbeiten: R. Oldenbourg, Graph. Betriebe G. m. b. H., München

Dem Andenken meines Vaters

BILDHAUER WILHELM KOLLMAR

gewidmet

VORWORT

Die vorliegende Abhandlung ist die Erweiterung der Dissertation* des Verfassers, die den Ergänzungstitel der Überschrift zum Inhalt hat und die Abschnitte 1 bis 2,43 jedoch ohne 2,31 umfaßt.
Nachdem die mathematische Ermittlung der mittleren Einstrahlzahlen von Flächenstrahlungen im rechtwinkligen Raum im Jahre 1945 abgeschlossen war, wurde die praktische Auswertung der Ergebnisse im Jahre 1946 vorgenommen.
Es lag selbstverständlich nahe, die Flächenstrahlung rechtwinkliger Flächen auf die Deckenheizung anzuwenden und gleichzeitig einen Vergleich mit der bisher üblichen, warmwasserbeheizten Radiatorenheizung zu ziehen.
Die Strahlungsheizung und eo ipso die Flächenheizung konnten hierdurch in das richtige Licht gesetzt werden, wobei strittige Fragen ihre Klärung fanden.
Da des weiteren Einzelprobleme wie die Bestimmung der mittleren Flächentemperatur der Heizwand, der erforderliche Rohrabstand oder Rohrdurchmesser sowohl für Heizung wie auch Kühlung mit Berücksichtigung der Sonneneinstrahlung behandelt und deren technische Lösungen gegeben wurden, dürften damit für die Deckenheizung im besonderen und für die Flächenheizung im allgemeinen die wissenschaftlichen Grundlagen zur Auswertung in der Praxis vorliegen. Es wird dies dem Leser zur eigenen Beurteilung überlassen.

Berlin, Mai 1947

A. KOLLMAR

* Techn. Universität Berlin-Charlottenburg, Fakultät für Maschinenwesen 12. 4. 1946. (Prof. Dr. ing. H. Groeber, Prof. Dr. ing. W. Koeniger).

INHALTSVERZEICHNIS

0,1 ERLÄUTERUNGEN

Als klassische Arbeiten über die Einstrahlverhältnisse sind die Veröffentlichungen von Christiansen (0,203)* und Hermann (0,204) anzusprechen. Christiansen behandelte die Übertragung der Strahlung zweier sich gleichmittig umschließender Kugeln (zwei geschlossene Oberflächen, wobei die eine Oberfläche die andere umschließt). Hermann gab eine Lösung der Ermittlung von Winkelverhältnissen mit Hilfe der darstellenden Geometrie an, die neuerdings fast gleichzeitig von Nusselt (0,205) und Seibert (0,206) wiederum gefunden wurde, sicherlich unabhängig voneinander und ohne Kenntnis der früheren Arbeit von Hermann.

Die Grundgesetze der Wärmestrahlung unter besonderer Berücksichtigung der Feuerungstechnik stellte im Jahre 1917 Gerbel in einer Abhandlung (0,201) zusammen. Auf mathematischer Grundlage ermittelte er die geometrischen Verhältnisse der Wärmestrahlung zwischen geometrisch einfach zueinander liegenden und einfach geformten Flächen. Unter Berücksichtigung der inzwischen weiter gediehenen Forschung gab Eckert im Jahre 1937 eine Schrift (0,202) über technische Strahlungsberechnungen für den Wärmeaustausch und die Beleuchtungstechnik heraus.

Im allgemeinen Schrifttum wurde darauf hingewiesen, daß bei geometrischen Verhältnissen, die den zuvor genannten Bedingungen nicht entsprechen, die Integration äußerst langwierig wird und die exakte Lösung mit dem derzeitigen mathematischen Wissen zumeist nicht möglich ist.

Nusselt (0,207) und E. Schmidt (0,208) sind weitere grundlegende Arbeiten über die technische Wärmestrahlung zu verdanken.

Spezielle Arbeiten über die gegenseitige Strahlung von Oberflächen liegen noch vor von Eckert (0,209), Hottel (0 210), Koeßler (0,211), Heinze und S. Wagener (0,212). Zu erwähnen ist noch die von Jakob (0,213) gegebene Anwendung der Längenverhältnisse bei den Gleichungen der Einstrahlzahlen und dessen Korrektur der Ergebnisse von Gerbel (0,201).

Die Ergebnisse des genannten Schrifttums sind aber nicht ausreichend, um die durch die technische Entwicklung in der Heiz- und Beleuchtungstechnik vorkommenden Flächenstrahlungen im Raum in Formeln wiederzugeben.

Die Aufgabe der vorliegenden Arbeit war daher, die Formeln für die Einstrahlzahlen bei der Flächenstrahlung zu ermitteln und mit deren Hilfe die Strahlungsverhältnisse im beheizten Wohnraum zu untersuchen.

---

* Die eingeklammerten Zahlen verweisen auf das Literaturverzeichnis.

0,2 LITERATUR

0,201	M. Gerbel	Die Grundgesetze der Wärmestrahlung und ihre Anwendung auf Dampfkessel mit Innenfeuerung. Berlin 1917.
0,202	E. Eckert	Technische Strahlungsaustauschrechnungen und ihre Anwendung in der Beleuchtungstechnik und beim Wärmeaustausch. Berlin 1937.
0,203	C. Christiansen	Wied. Ann. Bd. 19 (1883) S. 267.
0,204	R. A. Hermann	Treatise of Geometric Optics. Cambr. Univ. Press. 1900.
0,205	W. Nusselt	Graphische Bestimmung des Winkelverhältnisses. Z. VDI Bd. 72 (1928) S. 673.
0,206	O. Seibert	Die Wärmeaufnahme der bestrahlten Kesselheizfläche. Arch. f. Wärmew. Bd. 9 (1928) S. 180/8 u. VDI Forsch. Heft Nr. 324 (1930).
0,207	W. Nusselt	Die Isolierfähigkeit von Luftschichten. Forsch.Arb. Ingenieurwesen Heft 63/64 (1909).
0,208	E. Schmidt	Wärmestrahlung technischer Oberflächen bei gewöhnlicher Temperatur. Beihefte Ges. Ing. Reihe I Heft 20. München 1927.
	E. Schmidt und E. Eckert	Über die Richtungsverteilung der Wärmestrahlung von Oberflächen. Forsch. Bd. 6 (1935) S. 175.
0,209	E. Eckert	Das Strahlungsverhältnis von Flächen mit Einbuchtungen und von zylindrischen Bohrungen. Arch. f. Wärmew. Bd. 16 (1935) S. 135.
0,210	H. C. Hottel	Radiant heat transmission. 2. Weltkraftkonferenz Bd. 18 (1930) Sekt. 32 Nr. 243 oder Mech. Engng. Bd. 52 (1930) S. 699.
0,211	P. Koeßler	Beitrag zur Untersuchung des Wasserrohrkessels in bezug auf Wärmestrahlung. Z. bayer. Revis. Ver. Bd. 29 (1925) S. 115, 126 und 136.
0,212	W. Heinze und S. Wagener	Der Wärmeübergang durch Strahlung. Zeitschr. f. techn. Phys. Bd. 18 (1937) S. 75.
0,213	A. Eucken und M. Jakob	Der Chemieingenieur. Bd. I, 1. Teil. Leipzig 1933.
0,214	F. Wamsler	Die Wärmeabgabe geheizter Körper an Luft. Mitt. Forsch. Arb. Ing. Wes. Heft 98/99 (1911).
0,215	H. Schmidt und E. Furthmann	Über die Eigenstrahlung fester Körper. Mitt. K. W. Inst. Eisenforsch. Abh. 109, Bd. 10 S. 225. Düsseldorf 1928.

0,216	E. F. M. v. d. Held	Wärmeübertragung durch Strahlung. Ges. Ing. Bd. 62 (1939) S. 73, 581 u. 594.
0,217	K. Kalous	Allgemeine Theorie der Strahlungsheizung. Forsch. Bd. 8 (1937) S. 170.
0,218	K. Kalous	Die Kühlleistung einer Deckenheizfläche. Heizg. u. Lüftg. Bd. 15 (1941) S. 61/64.
0,219	F. Bradtke	Grundlagen für Planung und Entwurf von Klimaanlagen. Heizg. u. Lüftg. Bd. 13 (1939) S. 7/9.
0,220	H. Gröber	Die Grundgesetze der Wärmeübertragung. Berlin 1926.
0,221	H. Gröber und S. Erk	Die Grundgesetze der Wärmeübertragung. Berlin 1933.
0,222	M. ten Bosch	Die Wärmeübertragung. Berlin 1936.
0,223	A. Schack	Der industrielle Wärmeübergang. Düsseldorf 1940.
0,224	H. Heid und A. Kollmar	Die Strahlungsheizung. Halle 1943.
0,225	C. Naske	Integraltafeln. Leipzig 1935.
0,226	F. Emde	Tafeln elementarer Funktionen. Leipzig 1940.
0,227	F. Tölke	Praktische Funktionenlehre. Berlin 1943.
0,228	F. Bradtke und W. Liese	Hilfsbuch für raum- und außenklimatische Messungen. Berlin 19[illegible]7.

NACHTRAG

Während der Drucklegung der vorliegenden Abhandlung wurde der Verfasser von A. P. Weber, Zürich, auf zwei weitere Arbeiten aus dem Gebiet der Winkelverhältnisse aufmerksam gemacht, in die jedoch keine Einsicht genommen werden konnte, und zwar:

W. Mc Adams, Heat transmission. New York 1933.

G. L. Pollak, Theorie des Strahlungswärmeaustausches. Dissertation. Moskau, Energieinstitut, 1938.

Inzwischen kam auch dem Verfasser die ausgezeichnete Arbeit von

P. F. Raber and F. W. Hutchinson, Panel heating and cooling analysis. Verlag John Wiley a. Sons, New York 1947

zu Gesicht (Mai 1948), die die amerikanische Forschung auf dem Gebiet der Winkelverhältnisse für die Strahlungsheizung enthält.

0,3 Symbole und Indizes (zu Abschnitt 1 und 2)

Buchstabe	Erläuterung	Dimension
α	Wärmeübergangszahl	kcal/m²h°C
β	Winkel	
β_1	Winkel zwischen der auf der strahlenden Fläche errichteten Lotrechten und der Richtung des Strahles	
β_2	Winkel zwischen der auf der angestrahlten Fläche errichteten Lotrechten und der Richtung des Strahles	
ε	Absorptions-Emissionsverhältnis (Schwärzegrad)	
λ	Wellenlänge	μ (1/1000 mm)
φ	Einstrahlzahl (Winkelverhältnis)	
A	Absorptionsvermögen eines beliebigen Körpers	kcal/m²h
A_s	Absorptionsvermögen des absolut schwarzen Körpers	kcal/m²h
C	Strahlungszahl	kcal/m²h(°K)⁴
C_1, C_2	Strahlungszahl der Fläche 1 bzw. 2	kcal/m²h(°K)⁴
C_s	Strahlungszahl des absolut schwarzen Körpers 4,96	kcal/m²h(°K)⁴
E	Emissionsvermögen eines beliebigen Körpers	kcal/m²h
E_s	Emissionsvermögen des absolut schwarzen Körpers	kcal/m²h
F	Fläche	m²
J	Strahlungsintensität	kcal/cm³h
K_1, K_2	Konstanten des Planckschen Strahlungsgesetzes $5{,}04 \cdot 10^{-13}$ bzw. 1,432	kcal/cm²h, cm°K
Q	Wärmemenge	kcal/h
T	Temperatur vom absoluten Nullpunkt (−273,16 °C) ab	°K
a	Absorption	
b	Temperaturbeiwert	(°K)³
e	Basis der natürlichen Logarithmen (2,718 28 ...)	
h	Höhe	
n	Normal — (⊥ zur Fläche)	
m	mittlere	
r	Reflexion	
s	absolut schwarz	
t	Temperatur	°C
ges	Gesamt —	
Str	Strahlung	
1, 2, 3 ...	Kennzeichnung	

1

ABLEITUNGEN DER GLEICHUNGEN FÜR DIE EINSTRAHLZAHLEN

1,1 Wärmeübertragung durch Strahlung

1,11 Die bekannten Strahlungsgesetze

Die Analogie in der Struktur des Lichtes und der Wärmestrahlen bedingt die Gültigkeit der optischen Gesetze wie geradlinige Ausbreitung der Strahlung, Brechung nach dem Gesetz von Snellius, Entfernungsgesetz, Emission, Reflexion und Absorption auch für die Wärmestrahlen.

Das Emissions- und Absorptionsvermögen eines Körpers ist eine Funktion der Oberflächenbeschaffenheit (Rauhigkeit), Oberflächentemperatur und der Wellenlänge der Strahlung. Die Stärke der Strahlung (Intensität, wobei zwischen der Intensität der Gesamtstrahlung, der eines Wellenbereiches und der Intensität einer bestimmten Wellenlänge zu unterscheiden ist) hat hierauf keinen Einfluß. Für den Strahlungsaustausch zwischen zwei Oberflächen, die jedoch stets substantielle Körper als Energieträger voraussetzen, gilt der Satz, daß die Summe von Absorption a, Reflexion r und Durchlässigkeit d des von der Strahlung betroffenen Körpers einer Einheit der ausgesandten Strahlungsintensität gleich ist. Die Buchstabengleichung lautet also

(1) $$a + r + d = 1$$

Die Durchlässigkeit $d = 1$ gilt für diathermane Stoffe, wie dies z. B. die Luft ist. Die Durchlässigkeit $d = 0$ wird in der Heiztechnik praktisch bei fast allen festen und flüssigen Körpern erreicht, da in Bruchteilen eines Millimeters die eindringende Strahlung bereits absorbiert wird. Bei den kurzwelligeren Lichtstrahlen ist dieses Verhalten doch verschieden von dem der ultraroten (Wärme-)Strahlen, wie dies Glas und Wasser zeigen.

Wird die Reflexion $r = 1$, so ergibt dies einen idealen Spiegel. Die Absorption $a = 1$ gesetzt, führt zum absolut schwarzen Körper. Die beiden letzten Grenzfälle haben in der Natur jedoch keine reale Existenz. Die wirklichen Körper absorbieren und emittieren einen zahlenwertmäßigen gleichen Bruchteil des theoretischen Höchstbetrages, der sogenannten schwarzen Strahlung (des schwarzen Körpers).

Demnach erhält man

(2) $$E = \varepsilon \cdot E_s \quad \text{bzw.} \quad A = \varepsilon \cdot A_s \text{ kcal/m}^2\text{h}$$

Dieses Kirchhoffsche Gesetz hat nicht nur Gültigkeit für die Gesamtstrahlung, sondern auch für jede Wellenlänge, Richtung und Polarisationszustand.
Die Strahlungsenergie $J_{\lambda, T}$ des ideal schwarzen Körpers infolge seiner Temperatur T und in Abhängigkeit von dieser sowie der Wellenlänge erfaßte Planck in seinem quantenphysikalischen Strahlungsgesetz

(3) $$J_{\lambda, T} = \frac{2 K_1}{\lambda^5 (e^{K_2/\lambda T} - 1)} \text{ kcal/cm}^3\text{h}$$

Die Integration der Gleichung 3 über den ganzen Wellenbereich führt auf die Stefan-Boltzmannsche Gleichung

(4) $$Q = C_s \left(\frac{T}{100}\right)^4 \text{ kcal/h}$$

und besagt demnach, daß die Gesamtstrahlung des ideal schwarzen Körpers proportional der vierten Potenz der absoluten Temperatur ist.
Die Strahlungskonstante des schwarzen Körpers ist nach genauesten Versuchen

(5) $$C_s = 4{,}96 \text{ kcal/m}^2\text{h } (^\circ\text{K})^4$$

Das Stefan-Boltzmannsche Gesetz kann nach Wamsler (0,214) und E. Schmidt (0,208) auch für nicht schwarze (sogenannte graue) Körper mit hinreichender Genauigkeit angewandt werden. Die Strahlungszahl C solcher Körper (dies sind die meisten technischen Körper bzw. Oberflächen, jedoch nicht blanke Metalle) ist dann stets kleiner als die des schwarzen Körpers C_s.
Für die graue Strahlung ist demnach mit dem Emissionsverhältnis der Gesamtstrahlung, das von der Wellenlänge unabhängig ist, die Strahlungszahl

(2a) $$C = \varepsilon \cdot C_s \text{ kcal/m}^2\text{h } (^\circ\text{K})^4$$

Die Verschiebung des Höchstwertes der Strahlungsenergie bei steigender Temperatur nach den kürzeren Wellenlängen zu, drückt das Wiensche Verschiebungsgesetz aus, das lautet

(6) $$\lambda_{max} T = \text{const.}$$

Die Konstante berechnet sich aus dem Planckschen Gesetz zu $2880\,\mu$.
Aussagen über die Strahlung in schräger Richtung (die bisherigen Betrachtungen gingen über die Gesamtstrahlung in allen Richtungen) macht das Lambertsche Kosinusgesetz

(7) $$Q = Q_n \cdot \cos\beta \text{ kcal/h},$$

d. h. die Strahlung einer Fläche nimmt in schräger Richtung mit dem Kosinus des Winkels zwischen Strahl und Einfallslot ab. Q_n ist die senkrecht zur Fläche austretende Strahlungswärme. Die Gesamtstrahlung (nach allen Richtungen) ist das πfache der Normalstrahlung, wie sich dies aus der Integration über die Kugelhaube auf der Fläche ergibt, demnach

(8) $$Q_{\text{ges}} = Q_n \cdot \pi \text{ kcal/h}$$

Für polierte Metallflächen ist das Lambertsche Gesetz nur bedingt gültig (0,208 und 0,215). Die blanken Metallflächen reflektieren spiegelnd im Gegensatz zu rauhen Flächen mit diffuser Rückstrahlung.

Die ausgetauschte Wärme zweier beliebig gestellter Flächen F_1 und F_2 mit den konstanten Temperaturen T_1 und T_2 ergibt sich unter Anwendung des Lambertschen, Stefan-Boltzmannschen, Kirchhoffschen und des Entfernungsgesetzes zu

(9) $$Q = \frac{1}{\pi} C \left[\left(\frac{T_1}{100}\right)^4 - \left(\frac{T_2}{100}\right)^4\right] \int\int \frac{\cos\beta_1 \cos\beta_2}{s^2} dF_1 \, dF_2 \text{ kcal/h}$$

wobei die Strahlung nach der ersten Absorption abgebrochen ist. (Der Fehler wird gering und für die praktische technische Rechnung tragbar, wenn das Absorptionsverhältnis (Gleichung 2) dem des ideal schwarzen Körpers nahekommt $(1 > \varepsilon > 0{,}8)$.

Die Strahlungszahl C wird für die gegenseitige Strahlung zweier beliebig zueinander liegender Flächen F_1 und F_2 mit den Strahlungszahlen C_1 und C_2 nach Nusselt (0,207)

(10) $$C = \frac{C_1 C_2}{C_s} \text{ kcal/m}^2\text{h (°K)}^4$$

Bei der gegenseitigen Strahlung zweier parallel liegender gleich großer Flächen mit geringem Abstand im Vergleich zu den Flächenabmessungen (Strahlungsverluste durch den Randabstand vernachlässigbar klein) wird die Strahlungszahl

(11) $$C = \frac{1}{\frac{1}{C_1} + \frac{1}{C_2} - \frac{1}{C_s}} \text{ kcal/m}^2\text{h (°K)}^4$$

Bei der gegenseitigen Strahlung zweier sich völlig umschließender Flächen (streng nur für gleichmittige Zylinder oder Kugeln gültig) ist die Strahlungszahl

(12) $$C = \frac{1}{\frac{1}{C_1} + \frac{F_1}{F_2}\left(\frac{1}{C_2} - \frac{1}{C_s}\right)} \text{ kcal/m}^2\text{h (°K)}^4$$

Wenn das Flächenverhältnis F_1/F_2 sehr klein wird, z. B. bei Rohrleitungen im Freien oder größeren Räumen, kann

(12a) $$C = C_1 \text{ kcal/m}^2\text{h (°K)}^4$$

gesetzt werden.

Die Wärmeübergangszahl für Strahlung wird mit

(13) $$\alpha_{Str} = b \cdot C \text{ kcal/m}^2\text{h°C}$$

definiert, worin

(13a) $$b = \frac{\left(\frac{T_1}{100}\right)^4 - \left(\frac{T_2}{100}\right)^4}{t_1 - t_2} \; (°K)^3$$

ist.

Die Gleichung 9 vereinfacht sich für die Strahlungszahlen nach den Gleichungen 11, 12 und 12a ferner mittels Gleichung 13 zu

(9a) $$Q = CF\left[\left(\frac{T_1}{100}\right)^4 - \left(\frac{T_2}{100}\right)^4\right] = \alpha_{Str} F(t_1 - t_2) \text{ kcal/h}$$

1,12 Definition der Einstrahlzahl (Winkelverhältnis)

Das Verhältnis der von einem Punkt, Flächenteilchen dF_1 oder Fläche F_1 insgesamt ausgehenden Strahlen zu der auf der beliebig angeordneten Fläche F_2 eintreffenden Strahlung (Strahlungskegel) wird Einstrahlzahl oder Winkelverhältnis genannt.

Geht die Strahlung von einem Punkt aus auf eine Fläche F, dann ergibt sich die Einstrahlzahl zu

(14) $$\varphi = \frac{1}{4\pi}\int_F \frac{\cos\beta}{s^2}\, dF$$

Bei der Strahlung von einem Flächenteilchen dF_1 auf eine endliche bestrahlte Fläche F_2 wird

(15) $$\varphi_1 = \frac{1}{\pi}\int_{F_2} \frac{\cos\beta_1 \cos\beta_2}{s^2}\, dF_2$$

und bei der Strahlung von F_1 auf die Fläche F_2 erhält man das Winkelverhältnis zu

(16) $$\varphi_{m_1} = \frac{1}{F_1}\int_{F_1} \varphi_1\, dF_1 = \frac{1}{\pi F_1}\int_{F_1}\int_{F_2} \frac{\cos\beta_1 \cos\beta_2}{s^2}\, dF_1\, dF_2$$

Die Gleichung 9 kann nun mittels der Gleichungen 13 und 16 in der einfachen Form

(9b) $$Q = \alpha_{Str}\,\varphi_m\, F\,(t_1 - t_2) \text{ kcal/h}$$

dargestellt werden.

Die Umkehrung der Strahlungsverhältnisse (F_1 bestrahlte Fläche, F_2 strahlende Fläche) führt zu denselben Gleichungen nur mit dem Fußzeichen 2, daher gilt allgemein

(17) $$d\varphi_1\, dF_1 = d\varphi_2\, dF_2 \quad \text{bzw.} \quad \varphi_{m_1} F_1 = \varphi_{m_2} F_2$$

Das Winkelverhältnis kann nach der Erklärung als Höchstwert die Zahl 1 (100 %) erreichen, d. h. die gesamte ausgestrahlte Wärme trifft auf dem anderen Körper ein. Dieser Fall liegt bei den Gleichungen 11, 12 und 12a vor, für die beim Austausch der Wärme unter Anwendung der Gleichung 9 damit auch die Einschränkung der vernachlässigten Reflexion entfällt, jedoch die Voraussetzung der Gültigkeit des Lambertschen Gesetzes und die Annahme grauer Strahlung bleiben bestehen.

1,2 Geometrische Verhältnisse der Einstrahlung

1,21 Punktstrahlung

Einführend ist zu bemerken, daß die Punktstrahlung nur ein theoretischer Begriff sein kann, da die strahlende Materie wie eingangs erwähnt nur von einem, wenn auch noch so kleinem Raum- und damit Flächenteilchen ausgehen kann.

1,211 Von einem Punkt aus bestrahltes Rechteck

Eckert (0,202) gibt die Lösung der Gleichung 14 für ein bestrahltes Rechteck ab, über dessen einem Eckpunkt die Strahlungsquelle als ideeller Punkt in senkrechtem Abstand h liegt, an mit

$$\varphi = \frac{1}{8} - \frac{1}{4\pi} \operatorname{arc\,tg} \frac{h\sqrt{a^2 + b^2 + h^2}}{a\,b} \tag{18}$$

Den Hinweis, daß bei beliebiger Lage des Punktes über dem Rechteck dieses sich stets vom Lot des Punktes aus in vier Teilflächen der obigen Art zerlegen läßt und damit die Einstrahlzahl der Gesamtfläche sich durch die Addition der Einzelflächen ergibt, bringt Eckert.
Ergänzend wird hierzu bemerkt, daß nicht nur die Addition eines Hinweises bedurft hätte, sondern auch die Subtraktion, mittels der die Einstrahlzahl auch bei beliebiger Lage des Punktes außerhalb des Rechteckes sich in analoger Weise errechnen läßt.

1,22 Flächenteilchenstrahlung

Die Einstrahlzahl wird hier mit der Gleichung 15 bestimmt. Die Winkelfunktion $\cos\beta_1$ darin läßt sich durch Einführung des Normalabstandes n_1 des Flächenteilchens dF_1 von der Fläche F_2, in der dF_2 liegt, in den algebraischen Quotient n_1/s, ebenso $\cos\beta_2 = n_2/s$ umformen.
Damit ergibt sich die bekannte Schreibweise der Gleichung 15

$$\varphi_1 = \frac{1}{\pi} \int_{F_2} \frac{n_1 n_2}{s^4}\, dF_2 \tag{15a}$$

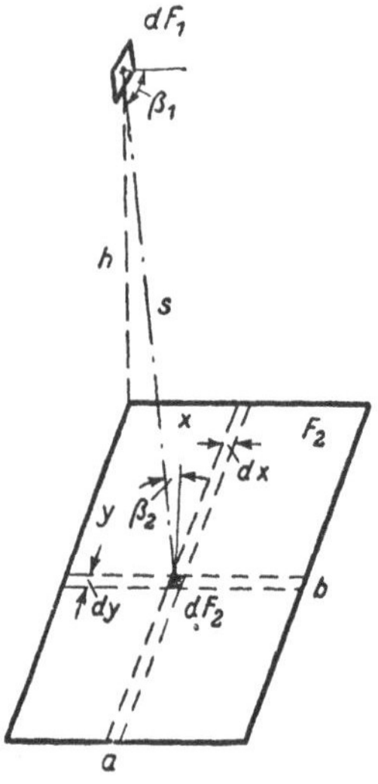

Bild 1. Bestrahlung einer Rechteckfläche F_2 durch ein dazu senkrecht stehendes Flächenteilchen dF_1

1,221 Bestrahlung einer Rechteckfläche durch ein auf einer Kante dazu lotrecht stehendes Flächenteilchen

Die Einstrahlzahl ergibt sich hierfür aus der Literatur (0,202) mit den Bezeichnungen nach Bild 1 zu

$$\varphi = \frac{1}{2\pi}\left(\operatorname{arc\,tg}\frac{b}{h} - \frac{h}{\sqrt{a^2+h^2}}\operatorname{arc\,tg}\frac{b}{\sqrt{a^2+h^2}}\right) \tag{19}$$

Seibert (0,206) und Eckert (0,202) zeigen die Lösung in geometrischer Darstellungsweise in einfacher Methode. Die Integration ist für diesen Fall aber auch verhältnismäßig einfach bei Anwendung der Gleichung 15a und Bild 1.

1,222 Bestrahlung einer Rechteckfläche durch ein auf einer Kante dazu parallel liegendes Flächenteilchen

Mit denselben Erklärungen wie zuvor (0,221) ist die Einstrahlzahl

$$\varphi = \frac{1}{2\pi}\left[\frac{a}{\sqrt{a^2+h^2}}\operatorname{arc\,tg}\frac{b}{\sqrt{a^2+h^2}} + \frac{b}{\sqrt{b^2+h^2}}\operatorname{arc\,tg}\frac{a}{\sqrt{b^2+h^2}}\right] \tag{20}$$

(In Bild 1 ist für diesen Fall dF_1 um 90° nach unten zu klappen, also parallel zu F_2.)

Die mathematische Lösung durch eine zweckmäßige Substitution im Verlauf der Integrationsrechnung, die eine Partialbruchzerlegung gestattet, ist nicht mehr so einfach wie zuvor.

1,223 Bestrahlung einer Rechteckfläche durch ein dazu lotrechtes nicht über der Fläche stehendes Flächenteilchen

Die Gleichung für diese Einstrahlzahl gab erstmalig v. d. Held (0,216) an, jedoch ohne ihre Ableitung. Aus Bild 2 ist zu erkennen, daß man die Lösung unter zweimaliger Anwendung der Gleichung 19 nach der unter 1,211 gegebenen Erklärung der Subtraktionsmöglichkeit findet. Die exakte mathematische Lösung bestätigte die Gleichung nach folgendem Rechnungsgang (unter Anwendung der Gleichung 15a für die Einstrahlzahl).

$$\varphi = \frac{1}{\pi}\int_0^a\int_0^b \frac{h\,(w+x)}{[h^2+(w+x)^2+y^2]^2}\,dx\,dy$$

$$h^2 + y^2 \stackrel{!}{=} m^2$$

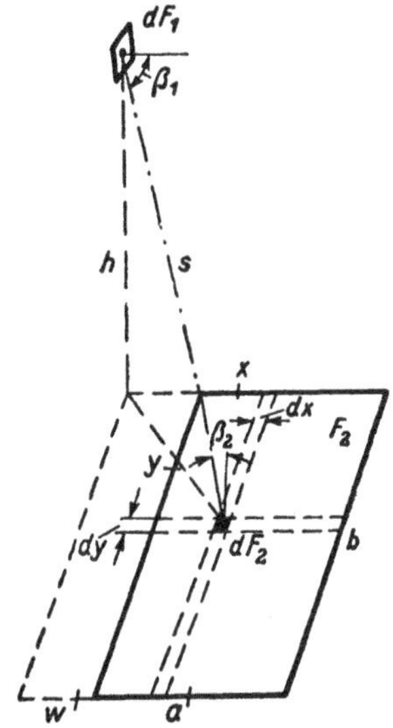

Bild 2. Bestrahlung einer Rechteckfläche F_2 durch ein dazu senkrechtes jedoch nicht über der Fläche stehendes Flächenteilchen dF_1

$$\frac{h}{\pi}\int_0^a \frac{x+w}{[(x+w)^2+m^2]^2}\,dx = -\frac{h}{2\pi}\left[\frac{1}{(a+w)^2+m^2}-\frac{1}{w^2+m^2}\right]$$

$$\frac{h}{2\pi}\int_0^b\left[\frac{1}{w^2+h^2+y^2}-\frac{1}{(a+w)^2+h^2+y^2}\right]dy$$

$$w^2+h^2 \overset{!}{=} p^2 \qquad (a+w)^2+h^2 \overset{!}{=} n^2$$

$$\frac{h}{2\pi}\left[\int_0^b \frac{1}{p^2+y^2}\,dy-\int_0^b \frac{1}{n^2+y^2}\,dy\right]$$

$$(21)\qquad \varphi=\frac{1}{2\pi}\left[\frac{h}{\sqrt{h^2+w^2}}\operatorname{arc\,tg}\frac{b}{\sqrt{h^2+w^2}} - \frac{h}{\sqrt{(a+w)^2+h^2}}\operatorname{arc\,tg}\frac{b}{\sqrt{(a+w)^2+h^2}}\right]$$

1,224 Bestrahlung einer Rechteckfläche durch ein dazu paralleles nicht über der Fläche liegendes Flächenteilchen

In Bild 2 ist das Flächenteilchen dF_1 um 90° nach unten zu klappen, damit es parallel zur Fläche F_2 liegt. Die Lösung auf mathematischem Weg hat folgenden Gang

$$\varphi=\frac{1}{\pi}\int_0^a\int_0^b\frac{h^2}{[h^2+(w+x)^2+y^2]^2}\,dx\,dy \qquad (w+x)^2 \overset{!}{=} t^2 \qquad h^2+y^2 \overset{!}{=} m^2 \qquad dt=dx$$

$$\frac{h^2}{\pi}\int_0^a\frac{1}{(m^2+t^2)^2}\,dt=\frac{h^2}{\pi}\left[\frac{t^2}{2\left(1+\frac{1}{m^2}t^2\right)}+\frac{m}{2}\operatorname{arc\,tg}\frac{1}{m}t\right]\frac{1}{m^4}$$

$$\frac{h^2}{2\pi}\left[(a+w)\int_0^b\frac{dy}{[h^2+y^2+(a+w)^2]\,[h^2+y^2]}-w\int_0^b\frac{dy}{[h^2+y^2+w^2]\,[h^2+y^2]}\right.$$

$$\left.+\int_0^b\frac{1}{(h^2+y^2)\sqrt{h^2+y^2}}\operatorname{arc\,tg}\frac{a\sqrt{h^2+y^2}}{h^2+y^2+w(a+w)}\,dy\right]$$

$$(22)\qquad \varphi=\frac{1}{2\pi}\left[\frac{a+w}{\sqrt{(a+w)^2+h^2}}\operatorname{arc\,tg}\frac{b}{\sqrt{(a+w)^2+h^2}}-\frac{w}{\sqrt{h^2+w^2}}\operatorname{arc\,tg}\frac{b}{\sqrt{h^2+w^2}}\right.$$

$$\left.+\frac{b}{\sqrt{b^2+h^2}}\operatorname{arc\,tg}\frac{a\sqrt{b^2+h^2}}{h^2+b^2+w(a+w)}\right]$$

1,23 Flächenstrahlung

Für die Berechnung der Wärmestrahlung von Fläche zu Fläche ist der auf die ganze strahlungsaufnehmende Fläche bezogene Mittelwert der örtlichen Einstrahlzahlen maßgebend. Die Bestimmung dieser mittleren Einstrahlzahl zwischen zwei beliebig im Raum angeordneten endlichen Flächen F_1 und F_2 erfolgt nach Gleichung 16. Während bei der Flächenteilchenstrahlung die Integration über die strahlungsaufnehmende Fläche durchzuführen ist, erfordert die Strahlung von Fläche zu Fläche auch die Integration über die strahlende Fläche.

1,231 **Gegenseitige Bestrahlung zweier gleich großer paralleler Rechteckflächen**.

Die bekannte Lösung (0,202 und 0,213) für die mittlere Einstrahlzahl ist

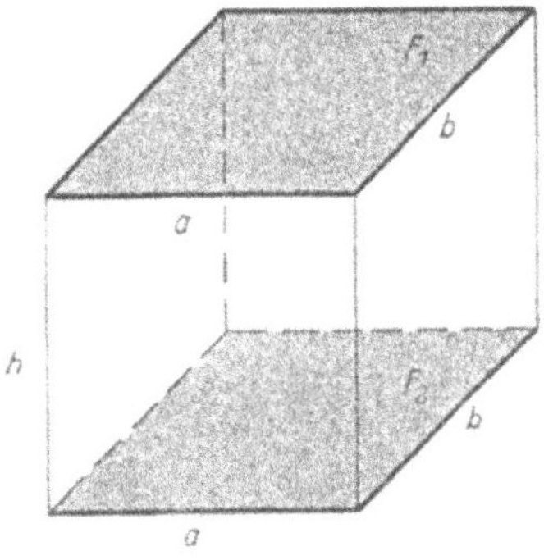

Bild 3. Bestrahlung einer Rechteckfläche F_2 durch eine dazu parallele gleichgroße Rechteckfläche F_1

$$\varphi_{m_1} = (\varphi_{m_2}) \tag{23}$$

$$= \frac{2}{a\,b\,\pi}\left[b\sqrt{a^2+h^2}\,\operatorname{arc\,tg}\frac{b}{\sqrt{a^2+h^2}} + a\sqrt{b^2+h^2}\right.$$

$$\operatorname{arc\,tg}\frac{a}{\sqrt{b^2+h^2}} - b\,h\,\operatorname{arc\,tg}\frac{b}{h}$$

$$\left. - a\,h\,\operatorname{arc\,tg}\frac{a}{h} - \frac{h^2}{2}\ln\frac{(a^2+b^2+h^2)\,h^2}{(a^2+h^2)(b^2+h^2)}\right]$$

1,232 **Gegenseitige Bestrahlung zweier aufeinander lotrecht stehender Rechteckflächen**

Die bekannte Gleichung (0,202 und 0,213) für die mittlere Einstrahlzahl ist

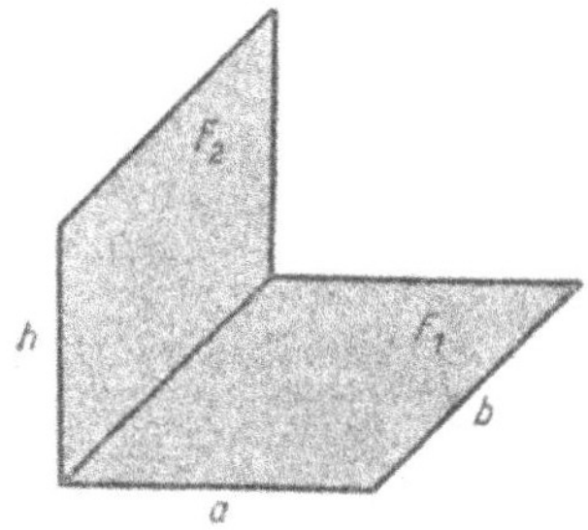

Bild 4. Bestrahlung einer Rechteckfläche F_2 durch eine dazu senkrechte Rechteckfläche F_1

$$\varphi_{m_1} = \frac{h}{a\,\pi}\left[\operatorname{arc\,tg}\frac{b}{h}\right. \tag{24}$$

$$+ \frac{a}{h}\operatorname{arc\,tg}\frac{b}{a} - \frac{\sqrt{a^2+h^2}}{h}\operatorname{arc\,tg}\frac{b}{\sqrt{a^2+h^2}}$$

$$+ \frac{h}{4\,b}\ln\frac{(a^2+b^2+h^2)\,h^2}{(a^2+h^2)(b^2+h^2)}$$

$$+ \frac{a^2}{4\,b\,h}\ln\frac{(a^2+b^2+h^2)\,a^2}{(a^2+b^2)(a^2+h^2)}$$

$$\left. - \frac{b}{4\,h}\ln\frac{(a^2+b^2+h^2)\,b^2}{(a^2+b^2)(b^2+h^2)}\right]$$

1,233 Gegenseitige Bestrahlung zweier paralleler jedoch ungleich großer Rechteckflächen mit zwei gemeinsamen lotrechten Eckpunkten

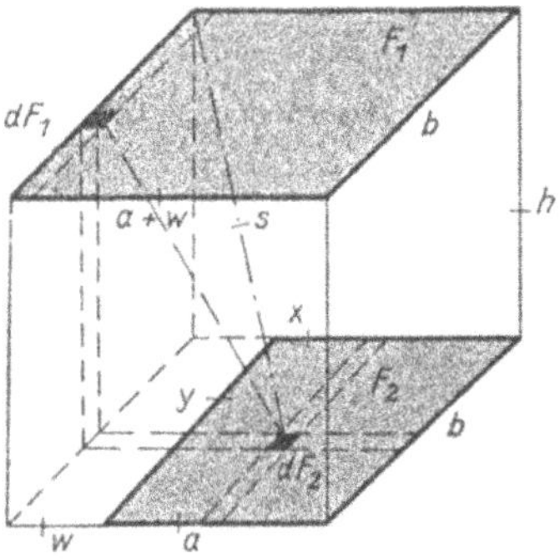

Bild 5. Bestrahlung einer Rechteckfläche F_2 durch eine dazu parallele ungleich große Rechteckfläche F_1

Die mittlere Einstrahlzahl ergibt sich auf folgendem mathematischen Wege

$$\varphi_{m_1} = \frac{1}{\pi F_1} \int\limits_{F_1} \int\limits_{F_2} \frac{n_1 n_2}{s^4}\, dF_1\, dF_2$$

$$= \frac{1}{(a+w)\, b\, \pi} \int\limits_0^{(a+w)_1} \int\limits_0^{b_1} \int\limits_0^{a_2} \int\limits_0^{b_2} \frac{n_1 n_2}{s^4}\, dx_1\, dy_1\, dx_2\, dy_2$$

Die Integration von dF_1 auf F_2 wurde mit Fall 1,224 bereits durchgeführt. Das Ergebnis hieraus ist demnach nochmals zu integrieren. Es ist also

$$\varphi_{m_1} = \frac{1}{2\pi} \int\limits_0^{(a+w)_1} \int\limits_0^{b_1} \Bigg[\frac{a+w}{\sqrt{(a+w)^2+h^2}} \operatorname{arc\,tg} \frac{b}{\sqrt{(a+w)^2+h^2}} - \frac{w}{\sqrt{h^2+w^2}} \operatorname{arc\,tg} \frac{b}{\sqrt{h^2+w^2}}$$
$$+ \frac{b}{\sqrt{b^2+h^2}} \operatorname{arc\,tg} \frac{a+w}{\sqrt{b^2+h^2}} - \frac{b}{\sqrt{b^2+h^2}} \operatorname{arc\,tg} \frac{w}{\sqrt{b^2+h^2}} \Bigg]\, dx_1\, dy_1$$

Die auf den ersten Schritt durchgeführte Integration $\int\limits_0^{b_1}$ führt auf die Schlußintegration von

$$\varphi_{m_1} = \frac{1}{(a+w)\,\pi} \Bigg[\int\limits_0^{a+w} \frac{y}{\sqrt{y^2+h^2}} \operatorname{arc\,tg} \frac{b}{\sqrt{y^2+h^2}}\, dy - \int\limits_0^{a+w} \frac{y-a}{\sqrt{(y-a)^2+h^2}} \operatorname{arc\,tg} \frac{b}{\sqrt{(y-a)^2+h^2}}\, dy$$
$$+ \frac{\sqrt{b^2+h^2}}{b} \left\{ \int\limits_0^{a+w} \operatorname{arc\,tg} \frac{y}{\sqrt{b^2+h^2}}\, dy - \int\limits_0^{a+w} \operatorname{arc\,tg} \frac{y-a}{\sqrt{b^2+h^2}}\, dy \right\}$$
$$- \frac{b}{h} \left\{ \int\limits_0^{a+w} \operatorname{arc\,tg} \frac{y}{h}\, dy - \int\limits_0^{a+w} \operatorname{arc\,tg} \frac{y-a}{h}\, dy \right\} \Bigg].$$

Das Ergebnis ist

(25) $$\varphi_{m_1} = \frac{1}{(a+w)\,\pi} \Bigg[\sqrt{(a+w)^2+h^2} \operatorname{arc\,tg} \frac{b}{\sqrt{(a+w)^2+h^2}} - \sqrt{h^2+w^2} \operatorname{arc\,tg} \frac{b}{\sqrt{h^2+w^2}}$$
$$+ \sqrt{a^2+h^2} \operatorname{arc\,tg} \frac{b}{\sqrt{a^2+h^2}} + \frac{(a+w)\sqrt{b^2+h^2}}{b} \operatorname{arc\,tg} \frac{a+w}{\sqrt{b^2+h^2}}$$
$$- \frac{w\sqrt{b^2+h^2}}{b} \operatorname{arc\,tg} \frac{w}{\sqrt{b^2+h^2}} + \frac{a\sqrt{b^2+h^2}}{b} \operatorname{arc\,tg} \frac{a}{\sqrt{b^2+h^2}}$$
$$- \frac{(a+w)\,h}{b} \operatorname{arc\,tg} \frac{a+w}{h} + \frac{w h}{b} \operatorname{arc\,tg} \frac{w}{h} - \frac{a h}{b} \operatorname{arc\,tg} \frac{a}{h}$$
$$- h \operatorname{arc\,tg} \frac{b}{h} - \frac{h^2}{2b} \ln \frac{(b^2+h^2+(a+w)^2)\,(b^2+h^2+a^2)\,(h^2+w^2)\,h^2}{(b^2+h^2+w^2)\,(h^2+(a+w)^2)\,(b^2+h^2)\,(a^2+h^2)} \Bigg]$$

$$
\begin{aligned}
(26)\qquad q_{m_1} = \frac{1}{2(a+w)(b+v)\pi} \Big[& (b+v)\sqrt{(a+w)^2+h^2}\,\operatorname{arc\,tg}\frac{b+v}{\sqrt{(a+w)^2+h^2}} - (b+v)\sqrt{h^2+w^2}\,\operatorname{arc\,tg}\frac{b+v}{\sqrt{h_2+w^2}} \\
& + (b+v)\sqrt{a^2+h^2}\,\operatorname{arc\,tg}\frac{b+v}{\sqrt{a^2+h^2}} - (b+v)\,h\,\operatorname{arc\,tg}\frac{b+v}{h} + (a+w)\sqrt{(b+v)^2+h^2}\,\operatorname{arc\,tg}\frac{a+w}{\sqrt{(b+v)^2+h^2}} \\
& - (a+w)\sqrt{b^2+h^2}\,\operatorname{arc\,tg}\frac{a+w}{\sqrt{b^2+h^2}} + (a+w)\sqrt{h^2+v^2}\,\operatorname{arc\,tg}\frac{a+w}{\sqrt{h^2+v^2}} - (a+w)\,h\,\operatorname{arc\,tg}\frac{a+w}{h} \\
& + a\sqrt{(b+v)^2+h^2}\,\operatorname{arc\,tg}\frac{a}{\sqrt{(b+v)^2+h^2}} - a\sqrt{b^2+h^2}\,\operatorname{arc\,tg}\frac{a}{\sqrt{b^2+h^2}} + a\sqrt{h^2+v^2}\,\operatorname{arc\,tg}\frac{a}{\sqrt{h^2+v^2}} \\
& - a\,h\,\operatorname{arc\,tg}\frac{a}{h} - b\sqrt{(a+w)^2+h^2}\,\operatorname{arc\,tg}\frac{b}{\sqrt{(a+w)^2+h^2}} - b\sqrt{a^2+h^2}\,\operatorname{arc\,tg}\frac{b}{\sqrt{a^2+h^2}} \\
& + b\sqrt{h^2+w^2}\,\operatorname{arc\,tg}\frac{b}{\sqrt{h^2+w^2}} + b\,h\,\operatorname{arc\,tg}\frac{b}{h} + v\sqrt{(a+w)^2+h^2}\,\operatorname{arc\,tg}\frac{v}{\sqrt{(a+w)^2+h^2}} \\
& + v\sqrt{a^2+h^2}\,\operatorname{arc\,tg}\frac{v}{\sqrt{a^2+h^2}} - v\sqrt{h^2+w^2}\,\operatorname{arc\,tg}\frac{v}{\sqrt{h^2+w^2}} - v\,h\,\operatorname{arc\,tg}\frac{v}{h} \\
& - w\sqrt{(b+v)^2+h^2}\,\operatorname{arc\,tg}\frac{w}{\sqrt{(b+v)^2+h^2}} + w\sqrt{b^2+h^2}\,\operatorname{arc\,tg}\frac{w}{\sqrt{b^2+h^2}} + w\,h\,\operatorname{arc\,tg}\frac{w}{h} \\
& - w\sqrt{h^2+v^2}\,\operatorname{arc\,tg}\frac{v}{\sqrt{h^2+v^2}} \\
& + \frac{h^2}{2}\ln\frac{((a+w)^2+b^2+h^2)(a^2+b^2+h^2)(h^2+v^2+w^2)(h^2+v^2)(h^2+w^2+(b+v)^2)(h^2+(a+w)^2)((b+v)^2+h^2)(a^2+h^2)}{(b^2+h^2)(b^2+h^2+w^2)((a+w)^2+h^2+v^2)(a^2+h^2+v^2)((a+w)^2+(b+v)^2+h^2)(a^2+h^2+(b+v)^2)(h^2+w^2)h^2}\Big]
\end{aligned}
$$

1,234 Gegenseitige Bestrahlung zweier paralleler ungleich großer Rechteckflächen mit einem gemeinsamen lotrechten Eckpunkt

Die Gleichung 22 nach Fall 1,224 ermöglicht das sofortige Anschreiben der Formel für die Einstrahlzahl von dF_1 auf F_2, die hierauf noch über F_1 zu integrieren ist.

Demnach ist die Einstrahlzahl von dF_1 auf die Fläche av

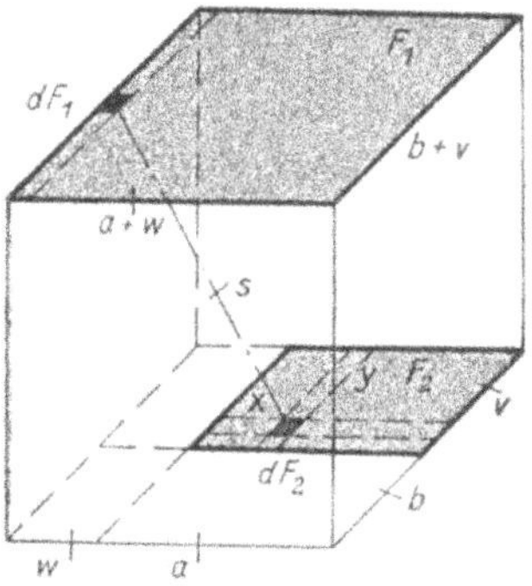

Bild 6. Bestrahlung einer Rechteckfläche F_2 durch eine dazu parallele ungleich große Rechteckfläche F_1

$$\varphi_1 = \frac{1}{2\pi}\left[\frac{a+w}{\sqrt{(a+w)^2+h^2}}\operatorname{arc\,tg}\frac{b+v}{\sqrt{(a+w)^2+h^2}}\right.$$
$$-\frac{w}{\sqrt{h^2+w^2}}\operatorname{arc\,tg}\frac{b+v}{\sqrt{h^2+w^2}}$$
$$+\frac{b+v}{\sqrt{(b+v)^2+h^2}}\operatorname{arc\,tg}\frac{a+w}{\sqrt{(b+v)^2+h^2}}$$
$$-\frac{b+v}{\sqrt{(b+v)^2+h^2}}\operatorname{arc\,tg}\frac{w}{\sqrt{(b+v)^2+h^2}}$$
$$-\frac{a+w}{\sqrt{(a+w)^2+h^2}}\operatorname{arc\,tg}\frac{b}{\sqrt{(a+w)^2+h^2}}$$
$$+\frac{w}{\sqrt{h^2+w^2}}\operatorname{arc\,tg}\frac{b}{\sqrt{h^2+w^2}}$$
$$-\frac{b}{\sqrt{b^2+h^2}}\operatorname{arc\,tg}\frac{a+w}{\sqrt{b^2+h^2}}$$
$$\left.+\frac{b}{\sqrt{b^2+h^2}}\operatorname{arc\,tg}\frac{w}{\sqrt{b^2+h^2}}\right]$$

Die Integration von 0 bis $(b+v)$ und von 0 bis $(a+w)$ führt zur auf S. 10 stehenden Schlußgleichung für die mittlere Einstrahlzahl.

1,235 Gegenseitige Bestrahlung zweier rechtwinklig auf einer Kante zueinander, jedoch mit einseitigem Abstand stehender Rechteckflächen

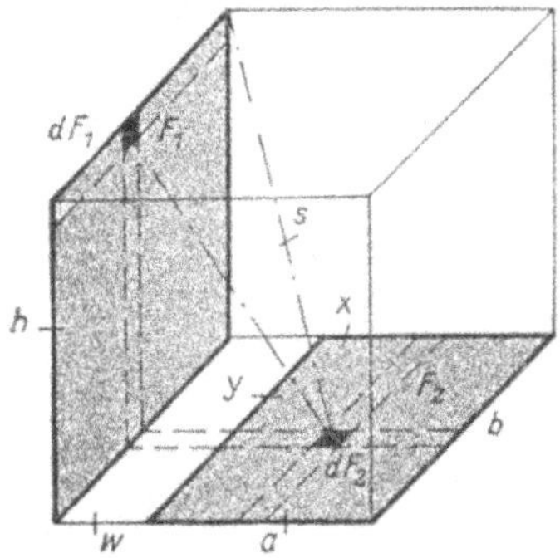

Bild 7. Bestrahlung einer Rechteckfläche F_2 durch eine dazu mit Abstand lotrecht stehende Rechteckfläche F_1

Die Einstrahlung von dF_1 auf F_2 wurde in Fall 1,223 gelöst, damit wird die mittlere Einstrahlzahl von F_1 auf F_2

$$\varphi_{m_1} = \frac{1}{2\pi}\int_0^b\int_0^h\left[\frac{h}{\sqrt{h^2+w^2}}\operatorname{arc\,tg}\frac{b}{\sqrt{h^2+w^2}}\right.$$
$$\left.-\frac{h}{\sqrt{(a+w)^2+h^2}}\operatorname{arc\,tg}\frac{b}{\sqrt{(a+w)^2+h^2}}\right]dx\,dy$$

Nach Durchführung der Integration $\int_0^b$ erhält man

$$\varphi_{m_1} = \frac{1}{\pi h}\Bigg[\int_0^h \frac{x}{\sqrt{w^2+x^2}} \operatorname{arc\,tg} \frac{b}{\sqrt{w^2+x^2}}\, dx - \int_0^h \frac{x}{\sqrt{(a+w)^2+x^2}} \operatorname{arc\,tg} \frac{b}{\sqrt{(a+w)^2+x^2}}\, dx$$

$$-\frac{1}{2b}\Bigg\{\int_0^h x \ln(w^2+b^2+x^2)\, dx - \int_0^h x \ln(w^2+x^2)\, dx$$

$$-\int_0^h x \ln((a+w)^2+b^2+x^2)\, dx + \int_0^h x \ln((a+w)^2+x^2)\, dx\Bigg\}\Bigg]$$

und hieraus das Ergebnis

$$\text{(27)} \quad \varphi_{m_1} = \frac{1}{\pi}\Bigg[\frac{a+w}{h} \operatorname{arc\,tg} \frac{b}{a+w} - \frac{w}{h} \operatorname{arc\,tg} \frac{b}{w} - \frac{\sqrt{(a+w)^2+h^2}}{h} \operatorname{arc\,tg} \frac{b}{\sqrt{(a+w)^2+h^2}}$$

$$+\frac{\sqrt{h^2+w^2}}{h} \operatorname{arc\,tg} \frac{b}{\sqrt{h^2+w^2}} + \frac{b}{4h} \ln \frac{(b^2+h^2+w^2)\,((a+w)^2+b^2)}{(b^2+w^2)\,((a+w)^2+b^2+h^2)}$$

$$+\frac{(a+w)^2}{4bh} \ln \frac{((a+w)^2+b^2+h^2)\,(a+w)^2}{((a+w)^2+b^2)\,((a+w)^2+h^2)} - \frac{w^2}{4bh} \ln \frac{(b^2+h^2+w^2)\,w^2}{(h^2+w^2)\,(b^2+w^2)}$$

$$+\frac{h}{4b} \ln \frac{((a+w)^2+b^2+h^2)\,(h^2+w^2)}{((a+w)^2+h^2)\,(b^2+h^2+w^2)}\Bigg]$$

1,236 Gegenseitige Bestrahlung zweier rechtwinklig zueinander, jedoch nebeneinander stehender Rechteckflächen mit einer gemeinsamen Kantenrichtung

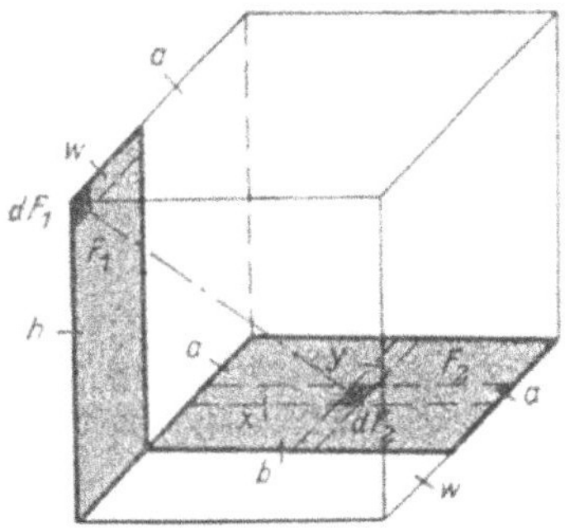

Bild 8. Bestrahlung einer Rechteckfläche F_2 durch eine dazu anschließend lotrecht stehende Rechteckfläche F_1

Die Einstrahlzahl φ_1 von dem Flächenteilchen dF_1 auf die Fläche F_2 ergibt sich nach Durchführung der Integration zu

$$\varphi_1 = \frac{1}{2\pi}\Bigg[\operatorname{arc\,tg} \frac{a+w}{h} - \operatorname{arc\,tg} \frac{w}{h}$$

$$-\frac{h}{\sqrt{b^2+h^2}} \operatorname{arc\,tg} \frac{a\sqrt{b^2+h^2}}{b^2+h^2+w(a+w)}\Bigg]$$

Die mittlere Einstrahlzahl φ_{m_1} wird nun nach Gleichung 16

$$\varphi_{m_1} = \frac{1}{F_1}\int_{F_1} \varphi_1\, dF_1 = \frac{1}{hw}\int_0^h\int_0^w \varphi_1\, dx_1\, dy_1$$

Die Integration in den Grenzen von 0 bis w ergibt

$$\varphi_{m_1} = \frac{1}{h w 2\pi}\Big[(a+w)\int_0^h \operatorname{arc\,tg}\frac{a+w}{y}\,dy - w\int_0^h \operatorname{arc\,tg}\frac{w}{y}\,dy - a\int_0^h \operatorname{arc\,tg}\frac{a}{y}\,dy$$

$$-\frac{1}{2}\int_0^h y\ln\left(y^2+(a+w)^2\right)dy + \frac{1}{2}\int_0^h y\ln\left(a^2+y^2\right)dy + \frac{1}{2}\int_0^h y\ln\left(y^2+w^2\right)dy$$

$$-\frac{1}{2}\int_0^h y\ln y^2\,dy - (a+w)\int_0^h \frac{y}{\sqrt{b^2+y^2}}\operatorname{arc\,tg}\frac{a}{\sqrt{b^2+y^2}}\,dy$$

$$+\frac{1}{2}\int_0^h y\ln\left(y^2+b^2+(a+w)^2\right)dy + \frac{1}{2}\int_0^h y\ln\left(y^2+b^2\right)dy$$

$$-\frac{1}{2}\int_0^h y\ln\left(b^2+w^2+y^2\right)dy - \frac{1}{2}\int_0^h y\ln\left(a^2+b^2+y^2\right)dy\Big]$$

Das Ergebnis aus dieser Integration führt zur endgültigen Gleichung

$$(28)\quad \varphi_{m_1} = \frac{1}{h w 2\pi}\Big[(a+w)\,h\operatorname{arc\,tg}\frac{a+w}{h} + (a+w)\,b\operatorname{arc\,tg}\frac{a+w}{b}$$

$$- w h\operatorname{arc\,tg}\frac{w}{h} - a h\operatorname{arc\,tg}\frac{a}{h} - (a+w)\sqrt{b^2+h^2}\operatorname{arc\,tg}\frac{a+w}{\sqrt{b^2+h^2}}$$

$$+ w\sqrt{b^2+h^2}\operatorname{arc\,tg}\frac{w}{\sqrt{b^2+h^2}} + a\sqrt{b^2+h^2}\operatorname{arc\,tg}\frac{a}{\sqrt{b^2+h^2}}$$

$$- w b\operatorname{arc\,tg}\frac{w}{b} - a b\operatorname{arc\,tg}\frac{a}{b} - \frac{(a+w)^2}{4}\ln\frac{\left((a+w)^2+b^2+h^2\right)(a+w)^2}{\left((a+w)^2+b^2\right)\left((a+w^2)+h^2\right)}$$

$$+\frac{w^2}{4}\ln\frac{\left(b^2+h^2+w^2\right)w^2}{\left(h^2+w^2\right)\left(h^2+b^2\right)} + \frac{a^2}{4}\ln\frac{\left(a^2+b^2+h^2\right)a^2}{\left(a^2+b^2\right)\left(a^2+h^2\right)}$$

$$+\frac{b^2}{4}\ln\frac{\left((a+w)^2+b^2+h^2\right)\left(b^2+h^2\right)\left(a^2+b^2\right)\left(b^2+w^2\right)}{\left(b^2+h^2+w^2\right)\left((a+w)^2+b^2\right)\left(a^2+b^2+h^2\right)b^2}$$

$$+\frac{h^2}{4}\ln\frac{\left((a+w)^2+b^2+h^2\right)\left(b^2+h^2\right)\left(h^2+w^2\right)\left(a^2+h^2\right)}{\left(b^2+h^2+w^2\right)\left((a+w)^2+h^2\right)\left(a^2+b^2+h^2\right)h^2}\Big]$$

1,237 Gegenseitige Bestrahlung zweier rechtwinklig aufeinander stehender, ungleich langer Rechteckflächen mit einer teilweise gemeinsamen Kante

Mit Gleichung 16 und φ_1 nach Fall 1,236 erhält man die Ausgangsgleichung für die mittlere Einstrahlzahl

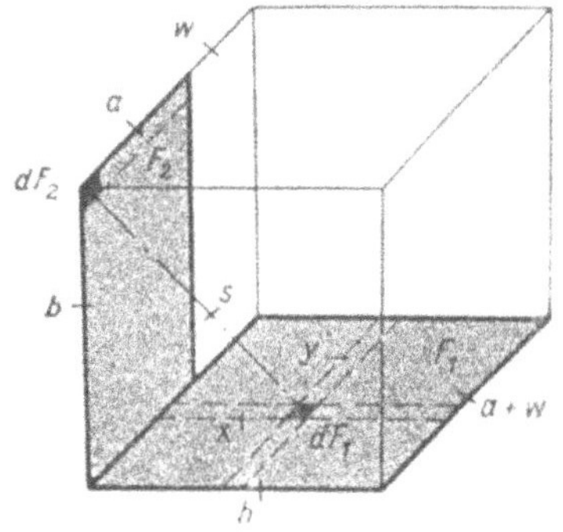

Bild 9. Bestrahlung einer Rechteckfläche F_2 durch eine dazu lotrecht stehende größere Rechteckfläche F_1

$$\varphi_{m_1} = \frac{1}{2\pi}\Bigg[\int_0^{a+w}\int_0^{h} \operatorname{arc\,tg}\frac{a+w}{h}\,dx_1\,dy_1 - \int_0^{a+w}\int_0^{h} \operatorname{arc\,tg}\frac{w}{h}\,dx_1\,dy_1 - \int_0^{a+w}\int_0^{h}\frac{h}{\sqrt{b^2+h^2}}\operatorname{arc\,tg}\frac{a\sqrt{b^2+h^2}}{b^2+h^2+w(a+w)}\,dx_1\,dy_1\Bigg]$$

Die Integration in den Grenzen von 0 bis $(a+w)$ ergibt

$$\varphi_{m_1} = \frac{1}{(a+w)\,h\,2\pi}\int_0^h\Bigg[(a+w)\operatorname{arc\,tg}\frac{a+w}{y} - w\operatorname{arc\,tg}\frac{w}{y} + a\operatorname{arc\,tg}\frac{a}{y} - \frac{y}{2}\ln\frac{(y^2+(a+w)^2)(y^2+a^2)}{(y^2+w^2)^2\,y^2} - \frac{y\,(a+w)}{\sqrt{b^2+y^2}}\operatorname{arc\,tg}\frac{a+w}{\sqrt{b^2+y^2}} + \frac{y\,w}{\sqrt{b^2+y^2}}\operatorname{arc\,tg}\frac{w}{\sqrt{b^2+y^2}} - \frac{y\,a}{\sqrt{b^2+y^2}}\operatorname{arc\,tg}\frac{a}{\sqrt{b^2+y^2}} + \frac{y}{2}\ln\frac{(b^2+y^2+(a+w)^2)(b^2+y^2+a^2)}{(b^2+y^2+w^2)(b^2+y^2)}\Bigg]dy$$

Die Schlußgleichung wird hieraus

$$\varphi_{m_1} = \frac{1}{(a+w)\,h\,2\pi}\Bigg[(a+w)\,h\operatorname{arc\,tg}\frac{a+w}{h} + (a+w)\,b\operatorname{arc\,tg}\frac{a+w}{b} - w\,h\operatorname{arc\,tg}\frac{w}{h} - w\,b\operatorname{arc\,tg}\frac{w}{b} + a\,h\operatorname{arc\,tg}\frac{a}{h} + a\,b\operatorname{arc\,tg}\frac{a}{b} - (a+w)\sqrt{b^2+h^2}\operatorname{arc\,tg}\frac{a+w}{\sqrt{b^2+h^2}} + w\sqrt{b^2+h^2}\operatorname{arc\,tg}\frac{w}{\sqrt{b^2+h^2}} - a\sqrt{b^2+h^2}\operatorname{arc\,tg}\frac{a}{\sqrt{b^2+h^2}} - \frac{(a+w)^2}{4}\ln\frac{((a+w)^2+b^2+h^2)(a+w)^2}{((a+w)^2+b^2)((a+w)^2+h)^2} + \frac{w^2}{4}\ln\frac{(b^2+h^2+w^2)\,w^2}{(b^2+w^2)(h^2+w^2)} - \frac{a^2}{4}\ln\frac{(a^2+b^2+h^2)\,a^2}{(a^2+b^2)(a^2+h^2)} + \frac{b^2}{4}\ln\frac{((a+w)^2+b^2+h^2)(a^2+b^2+h^2)(b^2+w^2)\,b^2}{((a+w)^2+b^2)(a^2+b^2)(b^2+h^2)(b^2+h^2+w^2)} + \frac{h^2}{4}\ln\frac{((a+w)^2+b^2+h^2)(a^2+b^2+h^2)(w^2+h^2)\,h^2}{((a+w)^2+h^2)(a^2+h^2)(b^2+h^2)(b^2+h^2+w^2)}\Bigg] \tag{29}$$

1,3 Formelzusammenstellung

1,31 Die Grundfälle der Flächenteilchen- und Flächenstrahlung

1,3101 Bestrahlung einer Rechteckfläche ab durch ein dazu lotrechtes Flächenteilchen dF_1

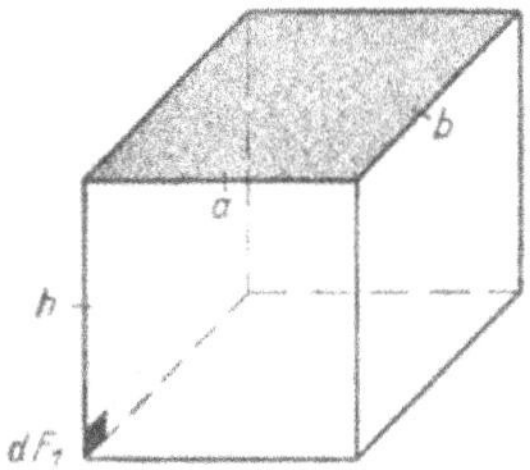

$$(19)\qquad \varphi_1 = \frac{1}{2\pi}\left[\operatorname{arc\,tg}\frac{b}{h} - \frac{h}{\sqrt{a^2+h^2}}\operatorname{arc\,tg}\frac{b}{\sqrt{a^2+h^2}}\right]$$

1,3102 Bestrahlung einer Rechteckfläche ab durch ein dazu lotrechtes, jedoch nicht über der Fläche stehendes Flächenteilchen dF_1

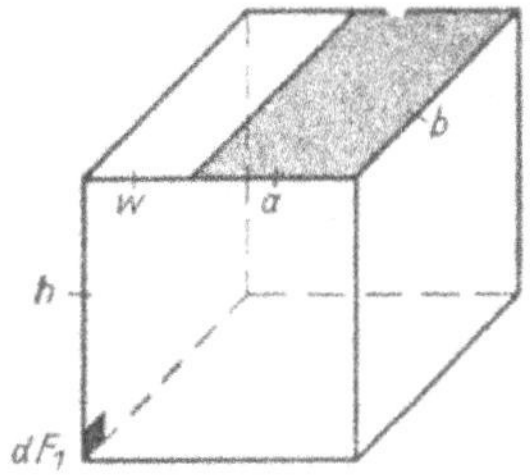

$$(21)\qquad \varphi_1 = \frac{1}{2\pi}\left[\frac{h}{\sqrt{h^2+w^2}}\operatorname{arc\,tg}\frac{b}{\sqrt{h^2+w^2}} - \frac{h}{\sqrt{(a+w)^2+h^2}}\operatorname{arc\,tg}\frac{b}{\sqrt{(a+w)^2+h^2}}\right]$$

1,3103 Bestrahlung einer Rechteckfläche ab durch ein dazu lotrechtes, jedoch nicht über der Fläche stehendes Flächenteilchen dF_1

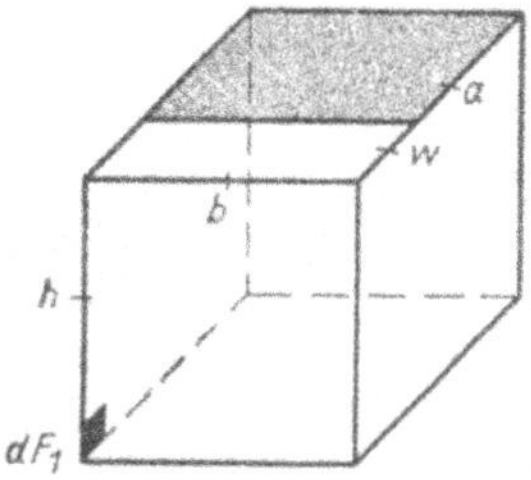

$$(21\,a)\qquad \varphi_1 = \frac{1}{2\pi}\left[\operatorname{arc\,tg}\frac{a+w}{h} - \operatorname{arc\,tg}\frac{w}{h} - \frac{h}{\sqrt{b^2+h^2}}\left(\operatorname{arc\,tg}\frac{a+w}{\sqrt{b^2+h^2}} - \operatorname{arc\,tg}\frac{w}{\sqrt{b^2+h^2}}\right)\right]$$

1,3104 Bestrahlung einer Rechteckfläche ab durch ein dazu paralleles Flächenteilchen dF_1

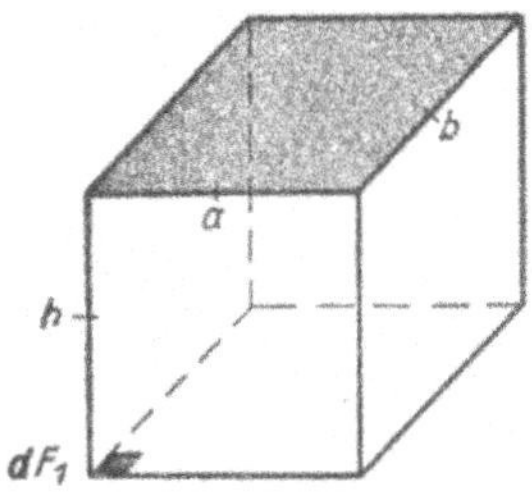

$$(20)\qquad \varphi_1 = \frac{1}{2\pi}\left[\frac{a}{\sqrt{a^2+h^2}}\operatorname{arc\,tg}\frac{b}{\sqrt{a^2+h^2}} + \frac{b}{\sqrt{b^2+h^2}}\operatorname{arc\,tg}\frac{a}{\sqrt{b^2+h^2}}\right]$$

1,3105 Bestrahlung einer Rechteckfläche ab durch ein dazu paralleles, jedoch nicht über der Fläche liegendes Flächenteilchen dF_1

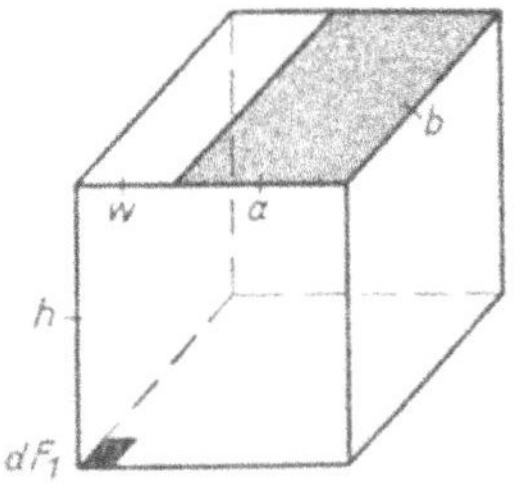

$$(22)\quad \varphi_1 = \frac{1}{2\pi}\left[\frac{a+w}{\sqrt{(a+w)^2+h^2}}\operatorname{arc\,tg}\frac{b}{\sqrt{(a+w)^2+h^2}} - \frac{w}{\sqrt{h^2+w^2}}\operatorname{arc\,tg}\frac{b}{\sqrt{h^2+w^2}} + \frac{b}{\sqrt{b^2+h^2}}\operatorname{arc\,tg}\frac{a\sqrt{b^2+h^2}}{b^2+h^2+w(a+w)}\right]$$

1,3106 Bestrahlung einer Rechteckfläche ab durch eine dazu parallele gleich große Rechteckfläche ab

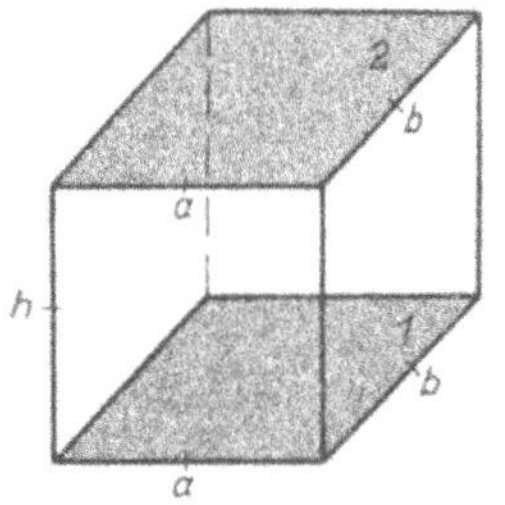

$$(23)\quad \varphi_{m_1} = \frac{2}{ab\pi}\left[a\sqrt{b^2+h^2}\operatorname{arc\,tg}\frac{a}{\sqrt{b^2+h^2}} - ah\operatorname{arc\,tg}\frac{a}{h} + b\sqrt{a^2+h^2}\operatorname{arc\,tg}\frac{b}{\sqrt{a^2+h^2}} - bh\operatorname{arc\,tg}\frac{b}{h} - \frac{h^2}{2}\ln\frac{(a^2+b^2+h^2)h^2}{(a^2+h^2)(b^2+h^2)}\right]$$

1,3107 Bestrahlung einer Rechteckfläche ab durch eine dazu parallele, jedoch nicht gleiche Rechteckfläche $(a+w)b$

$$(25)\quad \varphi_{m_1} = \frac{1}{(a+w\pi)}\left[\sqrt{(a+w)^2+h^2}\operatorname{arc\,tg}\frac{b}{\sqrt{(a+w)^2+h^2}} + \sqrt{a^2+h^2}\operatorname{arc\,tg}\frac{b}{\sqrt{a^2+h^2}} - \sqrt{h^2+w^2}\operatorname{arc\,tg}\frac{b}{\sqrt{h^2+w^2}} + \frac{a+w}{b}\sqrt{b^2+h^2}\operatorname{arc\,tg}\frac{a+w}{\sqrt{b^2+h^2}} + \frac{a}{b}\sqrt{b^2+h^2}\operatorname{arc\,tg}\frac{a}{\sqrt{b^2+h^2}} - \frac{w}{b}\sqrt{b^2+h^2}\operatorname{arc\,tg}\frac{w}{\sqrt{b^2+h^2}} - \frac{a+w}{b}h\operatorname{arc\,tg}\frac{a+w}{h} - \frac{a}{b}h\operatorname{arc\,tg}\frac{a}{h} + \frac{w}{b}h\operatorname{arc\,tg}\frac{w}{h} - h\operatorname{arc\,tg}\frac{b}{h} - \frac{h^2}{2b}\ln\frac{((a+w)^2+b^2+h^2)(a^2+b^2+h^2)(h^2+w^2)h^2}{(b^2+h^2+w^2)((a+w)^2+h^2)(a^2+h^2)(b^2+h^2)}\right]$$

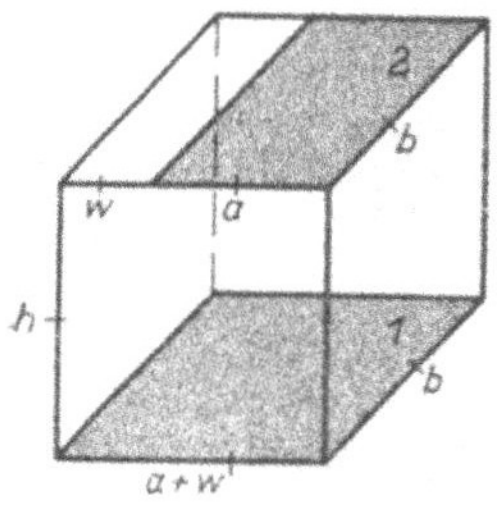

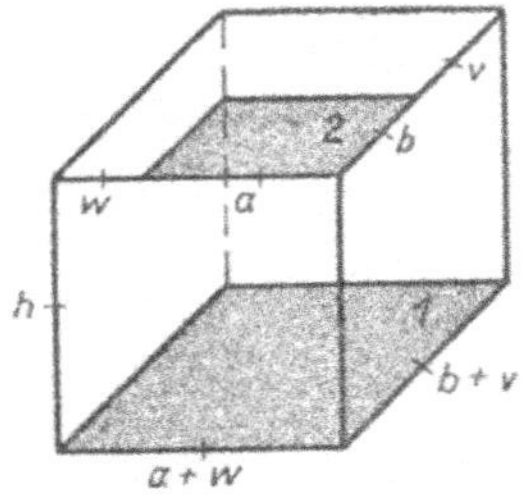

1,3108 Bestrahlung einer Rechteckfläche ab durch eine dazu parallele, jedoch nicht gleiche Rechteckfläche $(a+w)(b+v)$

$$
\begin{aligned}
(26)\quad \varphi_{m_1} = \frac{1}{2\,(a+w)\,(b+v)\,\pi} \Big[& (b+v)\sqrt{(a+w)^2+h^2}\,\operatorname{arc\,tg}\frac{b+v}{\sqrt{(a+w)^2+h^2}} + (b+v)\sqrt{a^2+h^2}\,\operatorname{arc\,tg}\frac{b+v}{\sqrt{a^2+h^2}} \\
& - (b+v)\sqrt{h^2+w^2}\,\operatorname{arc\,tg}\frac{b+v}{\sqrt{h^2+w^2}} - (b+v)\,h\,\operatorname{arc\,tg}\frac{b+v}{h} + (a+w)\sqrt{(b+v)^2+h^2}\,\operatorname{arc\,tg}\frac{a+w}{\sqrt{(b+v)^2+h^2}} \\
& - (a+w)\sqrt{v^2+h^2}\,\operatorname{arc\,tg}\frac{a}{\sqrt{v^2+h^2}} + (a+w)\sqrt{h^2+b^2}\,\operatorname{arc\,tg}\frac{a+w}{\sqrt{h^2+b^2}} - (a+w)\,h\,\operatorname{arc\,tg}\frac{a+w}{h} \\
& + a\sqrt{(b+v)^2+h^2}\,\operatorname{arc\,tg}\frac{a+w}{\sqrt{(b+v)^2+h^2}} - a\sqrt{v^2+h^2}\,\operatorname{arc\,tg}\frac{a}{\sqrt{v^2+h^2}} + a\sqrt{h^2+b^2}\,\operatorname{arc\,tg}\frac{a}{\sqrt{h^2+b^2}} - ah\,\operatorname{arc\,tg}\frac{a}{h} \\
& - v\sqrt{(a+w)^2+h^2}\,\operatorname{arc\,tg}\frac{v}{\sqrt{(a+w)^2+h^2}} - v\sqrt{a^2+h^2}\,\operatorname{arc\,tg}\frac{v}{\sqrt{a^2+h^2}} + v\sqrt{h^2+w^2}\,\operatorname{arc\,tg}\frac{v}{\sqrt{h^2+w^2}} + vh\,\operatorname{arc\,tg}\frac{v}{h} \\
& + b\sqrt{(a+w)^2+h^2}\,\operatorname{arc\,tg}\frac{b}{\sqrt{(a+w)^2+h^2}} + b\sqrt{a^2+h^2}\,\operatorname{arc\,tg}\frac{b}{\sqrt{a^2+h^2}} - b\sqrt{h^2+w^2}\,\operatorname{arc\,tg}\frac{b}{\sqrt{h^2+w^2}} - bh\,\operatorname{arc\,tg}\frac{b}{h} \\
& - w\sqrt{(b+v)^2+h^2}\,\operatorname{arc\,tg}\frac{w}{\sqrt{(b+v)^2+h^2}} + w\sqrt{v^2+h^2}\,\operatorname{arc\,tg}\frac{w}{\sqrt{v^2+h^2}} - w\sqrt{h^2+b^2}\,\operatorname{arc\,tg}\frac{w}{\sqrt{h^2+b^2}} + wh\,\operatorname{arc\,tg}\frac{w}{h} \\
& + \frac{h^2}{2}\ln\frac{((a+w)^2+v^2+h^2)(a^2+v^2+h^2)(h^2+b^2+w^2)((b+v)^2+h^2+w^2)((a+w)^2+h^2)(a^2+h^2)((b+v)^2+h^2)(h^2+b^2)}{((a+w)^2+h^2+b^2)(a^2+h^2+b^2)((a+w)^2+(b+v)^2+h^2)(a^2+(b+v)^2+h^2)(v^2+h^2+w^2)(v^2+h^2)(h^2+w^2)h^2} \Big]
\end{aligned}
$$

1,3109 Bestrahlung einer Rechteckfläche ab **durch eine dazu lotrecht stehende** Rechteckfläche bh

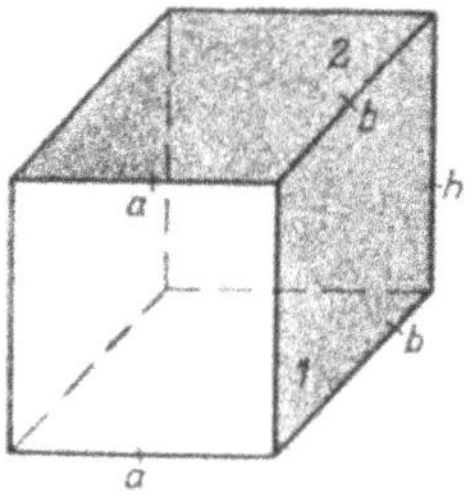

$$(24)\qquad \varphi_{m_1} = \frac{1}{\pi}\left[\operatorname{arc\,tg}\frac{b}{h} + \frac{a}{h}\operatorname{arc\,tg}\frac{b}{a} - \frac{\sqrt{a^2+h^2}}{h}\operatorname{arc\,tg}\frac{b}{\sqrt{a^2+h^2}} + \frac{a^2}{4bh}\ln\frac{(a^2+b^2+h^2)\,a^2}{(a^2+b^2)(a^2+h^2)} - \frac{b}{4h}\ln\frac{(a^2+b^2+h^2)\,b^2}{(a^2+b^2)(b^2+h^2)} + \frac{h}{4b}\ln\frac{(a^2+b^2+h^2)\,b^2}{(a^2+h^2)(b^2+h^2)}\right].$$

1,3110 Bestrahlung einer Rechteckfläche ab durch eine mit Abstand dazu lotrecht stehende Rechteckfläche bh

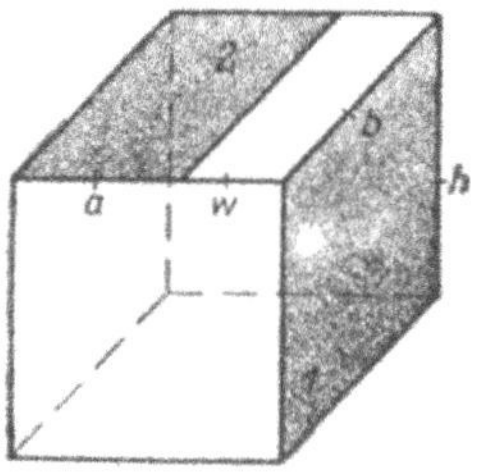

$$(27)\qquad \varphi_{m_1} = \frac{1}{\pi}\left[\frac{a+w}{h}\operatorname{arc\,tg}\frac{b}{a+w} - \frac{w}{h}\operatorname{arc\,tg}\frac{b}{w} - \frac{\sqrt{(a+w)^2+h^2}}{h}\operatorname{arc\,tg}\frac{b}{\sqrt{(a+w)^2+h^2}} + \frac{\sqrt{h^2+w^2}}{h}\operatorname{arc\,tg}\frac{b}{\sqrt{h^2+w^2}} + \frac{(a+w)^2}{4bh}\ln\frac{((a+w)^2+b^2+h^2)\,(a+w)^2}{((a+w)^2+b^2)\,((a+w^2)+h^2)} + \frac{b}{4h}\ln\frac{(b^2+h^2+w^2)\,((a+w)^2+b)^2}{(b^2+w^2)\,((a+w)^2+b^2+h^2)} + \frac{h}{4b}\ln\frac{((a+w)^2+b^2+h^2)\,(h^2+w^2)}{((a+w)^2+h^2)\,(b^2+h^2+w^2)} - \frac{w^2}{4bh}\ln\frac{(b^2+h^2+w^2)\,w^2}{(b^2+w^2)\,(h^2+w^2)}\right]$$

1,3111 Bestrahlung einer Rechteckfläche ab **durch eine anschließend lotrecht** dazu stehende Rechteckfläche hw

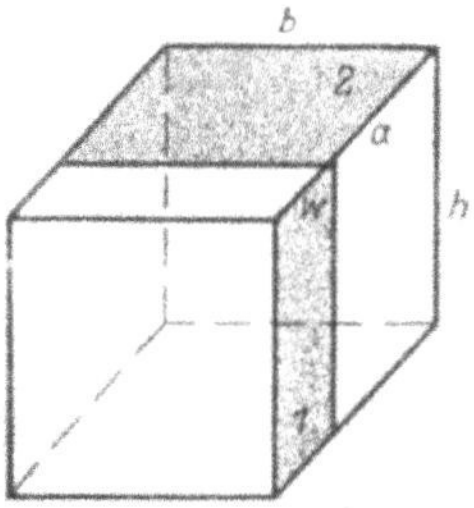

$$(28)\qquad \varphi_{m_1} = \frac{1}{2\pi hw}\left[(a+w)\,b\operatorname{arc\,tg}\frac{a+w}{b} + (a+w)\,h\operatorname{arc\,tg}\frac{a+w}{h} - ab\operatorname{arc\,tg}\frac{a}{b} - ah\operatorname{arc\,tg}\frac{a}{h} - wb\operatorname{arc\,tg}\frac{w}{b} - wh\operatorname{arc\,tg}\frac{w}{h} - (a+w)\sqrt{b^2+h^2}\operatorname{arc\,tg}\frac{a+w}{\sqrt{b^2+h^2}} + a\sqrt{b^2+h^2}\operatorname{arc\,tg}\frac{a}{\sqrt{b^2+h^2}} + w\sqrt{b^2+h^2}\operatorname{arc\,tg}\frac{w}{\sqrt{b^2+h^2}} - \frac{(a+w)^2}{4}\ln\frac{((a+w)^2+b^2+h^2)\,(a+w)^2}{((a+w)^2+b^2)\,((a+w)^2+h^2)} + \frac{a^2}{4}\ln\frac{(a^2+b^2+h^2)\,a^2}{(a^2+b^2)\,(a^2+h^2)}\right.$$

$$+\frac{b^2}{4}\ln\frac{((a+w)^2+b^2+h^2)(a^2+b^2)(b^2+h^2)(b^2+w^2)}{(a^2+b^2+h^2)(b^2+h^2+w^2)((a+w)^2+b^2)b^2}$$

$$+\frac{h^2}{4}\ln\frac{((a+w)^2+b^2+h^2)(a^2+h^2)(b^2+h^2)(h^2+w^2)}{(a^2+b^2+h^2)(b^2+h^2+w^2)((a+w)^2+h^2)h^2}$$

$$+\left.\frac{w^2}{4}\ln\frac{(b^2+h^2+w^2)w^2}{(b^2+w^2)(h^2+w^2)}\right]$$

1,3112 Bestrahlung einer Rechteckfläche ab durch eine dazu lotrechte, jedoch nicht gleich lange Rechteckfläche $(a+w)h$

$$(29)\quad \varphi_{m_1}=\frac{1}{2\pi(a+w)h}\left[(a+w)\,b\,\mathrm{arc\,tg}\frac{a+w}{b}\;(a+w)\,h\,\mathrm{arc\,tg}\frac{a+w}{h}\right.$$

$$+ab\,\mathrm{arc\,tg}\frac{a}{b}+ah\,\mathrm{arc\,tg}\frac{a}{h}-wb\,\mathrm{arc\,tg}\frac{w}{b}-wh\,\mathrm{arc\,tg}\frac{w}{h}$$

$$-(a+w)\sqrt{b^2+h^2}\,\mathrm{arc\,tg}\frac{a+w}{\sqrt{b^2+h^2}}-a\sqrt{b^2+h^2}\,\mathrm{arc\,tg}\frac{a}{\sqrt{b^2+h^2}}$$

$$+w\sqrt{b^2+h^2}\,\mathrm{arc\,tg}\frac{w}{\sqrt{b^2+h^2}}-\frac{(a+w)^2}{4}\ln\frac{((a+w)^2+b^2+h^2)(a+w)^2}{((a+w)^2+b^2)((a+w)^2+h^2)}$$

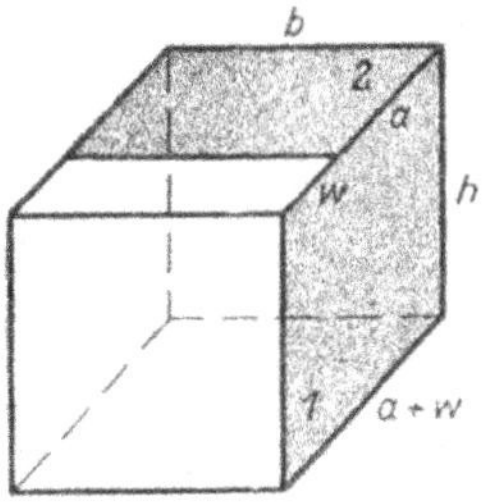

$$-\frac{a^2}{4}\ln\frac{(a^2+b^2+h^2)a^2}{(a^2+b^2)(a^2+h^2)}$$

$$+\frac{b^2}{4}\ln\frac{((a+w)^2+b^2+h^2)(a^2+b^2+h^2)(b^2+w^2)b^2}{((a+w)^2+b^2)(a^2+b^2)(b^2+h^2)(b^2+h^2+w^2)}$$

$$+\frac{h^2}{4}\ln\frac{(a^2+w^2)+b^2+h^2)(a^2+b^2+h^2)(h^2+w^2)h^2}{((a+w)^2+h^2)(a^2+h^2)(b^2+h^2)(b^2+h^2+w^2)}$$

$$+\left.\frac{w^2}{4}\ln\frac{(b^2+h^2+w^2)w^2}{(b^2+w^2)(h^2+w^2)}\right]$$

1,3113 Bestrahlung einer Rechteckfläche ab durch eine dazu lotrechte, jedoch nicht gleich lange und mit Abstand stehende Rechteckfläche $(a+w)h$

$$(30)\quad \varphi_{m_1}=\frac{1}{2\pi hn}\left[nl\,\mathrm{arc\,tg}\frac{n}{l}+al\,\mathrm{arc\,tg}\frac{a}{l}\right.$$

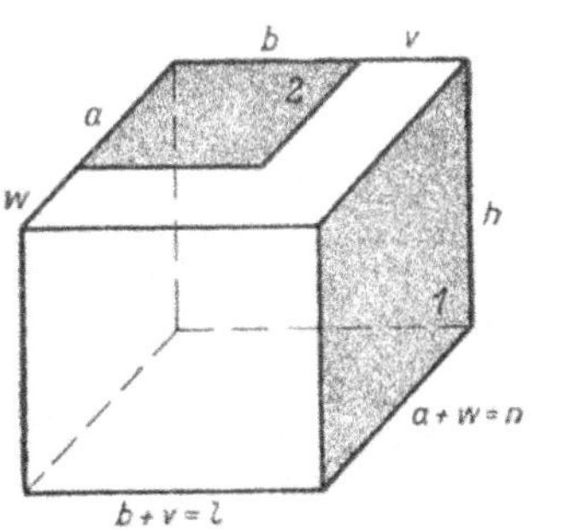

$$-wl\,\mathrm{arc\,tg}\frac{w}{l}-nv\,\mathrm{arc\,tg}\frac{n}{v}-av\,\mathrm{arc\,tg}\frac{a}{v}$$

$$+wv\,\mathrm{arc\,tg}\frac{w}{v}-n\sqrt{h^2+l^2}\,\mathrm{arc\,tg}\frac{n}{\sqrt{h^2+l^2}}$$

$$+n\sqrt{h^2+v^2}\,\mathrm{arc\,tg}\frac{n}{\sqrt{h^2+v^2}}$$

$$-a\sqrt{h^2+l^2}\,\mathrm{arc\,tg}\frac{a}{\sqrt{h^2+l^2}}$$

$$+a\sqrt{h^2+v^2}\,\mathrm{arc\,tg}\frac{a}{\sqrt{h^2+v^2}}$$

$$+w\sqrt{h^2+l^2}\,\mathrm{arc\,tg}\frac{w}{\sqrt{h^2+l^2}}$$

$$- w\sqrt{h^2+v^2}\,\operatorname{arc\,tg}\frac{w}{\sqrt{h^2+v^2}} - \frac{n^2}{4}\ln\frac{(h^2+l^2+n^2)(n^2+v^2)}{(h^2+n^2+v^2)(l^2+n^2)}$$

$$- \frac{a^2}{4}\ln\frac{(a^2+h^2+l^2)(a^2+v^2)}{(a^2+l^2)(a^2+h^2+v^2)} + \frac{l^2}{4}\ln\frac{(h^2+l^2+n^2)(a^2+h^2+l^2)(l^2+w^2)\,l^2}{(l^2+n^2)(a^2+l^2)(h^2+l^2)(h^2+l^2+w^2)}$$

$$- \frac{v^2}{4}\ln\frac{(h^2+n^2+v^2)(a^2+h^2+v^2)(v^2+w^2)\,v^2}{(n^2+v^2)(a^2+v^2)(h^2+v^2)(h^2+v^2+w^2)}$$

$$+ \frac{h^2}{4}\ln\frac{(h^2+l^2+n^2)(a^2+h^2+l^2)(h^2+v^2+w^2)(h^2+v^2)}{(h^2+n^2+v^2)(a^2+h^2+v^2)(h^2+l^2)(h^2+l^2+w^2)}$$

$$+ \frac{w^2}{4}\ln\frac{(h^2+l^2+w^2)(v^2+w^2)}{(h^2+v^2+w^2)(l^2+w^2)}\Bigg]$$

1,32 Beispiele für die Anwendung der Grundformeln

Die in der Formelzusammenstellung gegebenen Gleichungen ermöglichen es nun, die verschiedensten Einstrahlverhältnisse im würfel- oder quaderförmigen Raum für quadratische oder rechteckige Flächen zu ermitteln, wie dies einige Beispiele zeigen.

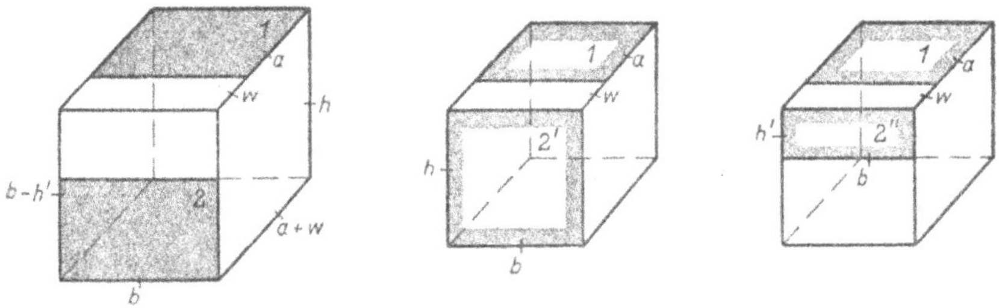

1,3201 Unter zweimaliger Anwendung der Gleichung 27 (1,3110) erhält man die Einstrahlzahl für die linke Figur

$$\varphi_{m_{1\,\text{auf}\,2}} = \varphi_{m_{1\,\text{auf}\,2'}} - \varphi_{m_{1\,\text{auf}\,2''}}$$

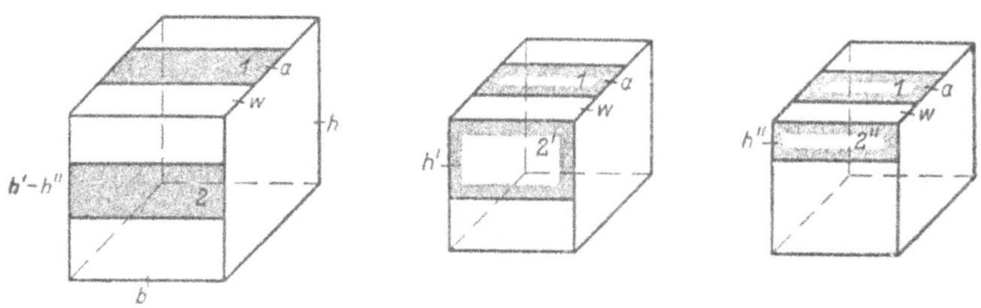

1,3202 wie bei 1,3201

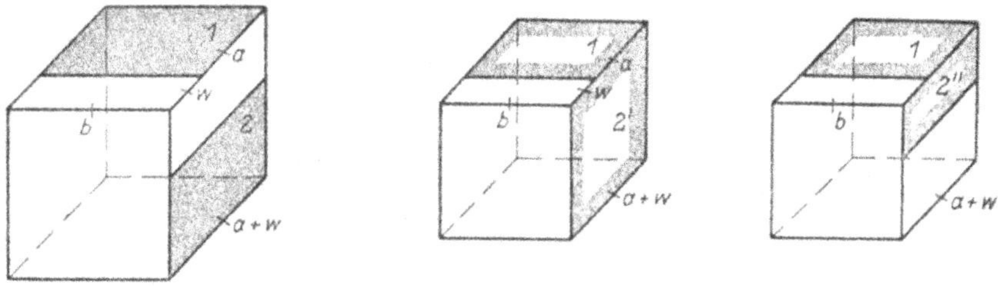

1,3203 wie bei 1,3201, jedoch nach Gleichung 29 (1,3112)

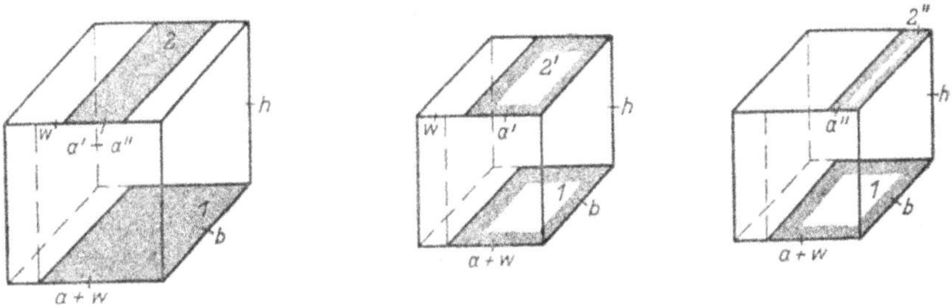

1,3204 Hier ist die Gleichung 25 (1,3107) zweimal anzuwenden, um die Einstrahlzahl für die linke Figur zu erhalten, und zwar aus

$$\varphi_{m_1 \text{ auf } 2} = \varphi_{m_1 \text{ auf } 2'} - \varphi_{m_1 \text{ auf } 2''}$$

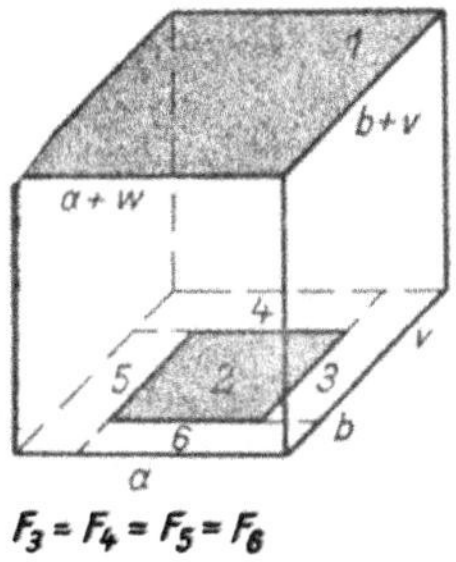

Die Einstrahlzahl $\varphi_{m_1 \text{ auf } 2}$ für den Fall 1,3205 ergibt sich unter Gebrauch von Gleichung 23 (1,3106) und 26 (1,3108) wie folgt

$$\varphi_{m_1 \text{ auf } 2} = \varphi_{m_1 \text{ auf } \Sigma (2,3,4,5,6)} - 4\,\varphi_{m_1 \text{ auf } 3}$$

Die Einstrahlzahl von der Fläche F_1 auf die kleinere Fläche F_2 kann für den Fall 1,3206 nach der Skizze in drei Schritten ermittelt werden, und zwar nach Gleichung 29 (1,3112)

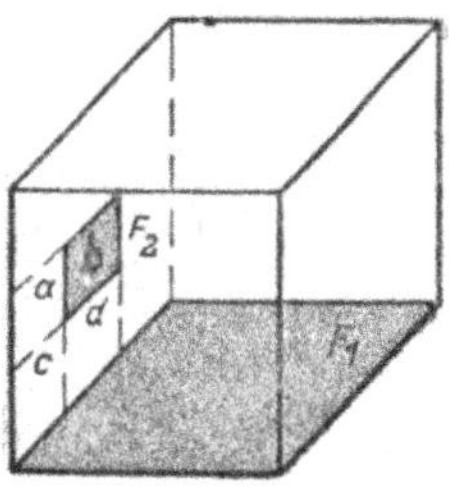

$$\varphi_{m_1 \text{ auf } \Sigma (b,d)} = \varphi_{m_1 \text{ auf } \Sigma (a,b,c,d)} - \varphi_{m_1 \text{ auf } \Sigma (a,c)}$$

$$\varphi_{m_1 \text{ auf } d} = \varphi_{m_1 \text{ auf } \Sigma (c,d)} - \varphi_{m_1 \text{ auf } c}$$

$$\varphi_{m_1 \text{ auf } 2} = \varphi_{m_1 \text{ auf } \Sigma (b,d)} - \varphi_{m_1 \text{ auf } d}$$

oder auch einfacher durch zweimalige Anwendung der Gleichung 30

$$\varphi_{m1\,\text{auf}\,b} = \varphi_{m1\,\text{auf}\,a,b} - \varphi_{m1\,\text{auf}\,a}$$

Die Einstrahlzahl von der Fläche F_1 auf die größere Fläche F_2 kann für den Fall **1**,3207 nach der Skizze unter zweimaliger Anwendung der Gleichung 26 (1,3108) und Gleichung 25 (1,3107) ermittelt werden

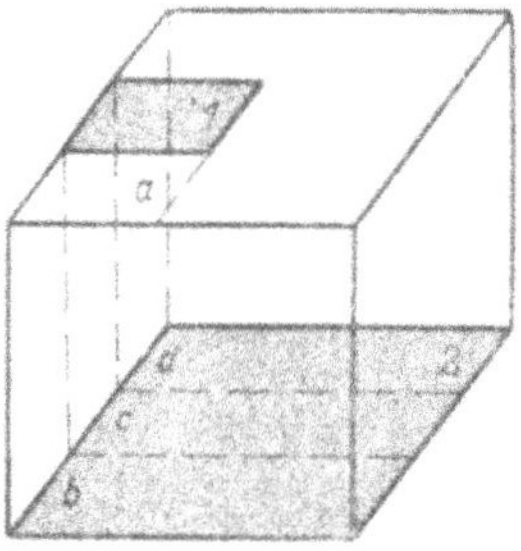

$$\varphi_{m1\,\text{auf}\,2} = \varphi_{m1\,\text{auf}\,b,c} + \varphi_{m1\,\text{auf}\,c,d} - \varphi_{m1\,\text{auf}\,c}$$

oder auch einfacher durch zweimalige Anwendung der Gleichung 26

$$\varphi_{m2\,\text{auf}\,1} = \varphi_{m2\,\text{auf}\,1,a} - \varphi_{m2\,\text{auf}\,a}$$

Die Einstrahlzahl von der Fläche F_2 auf die Fläche $F_{5,6}$ kann für den Fall **1**,3208 nach der Skizze wie folgt ermittelt werden

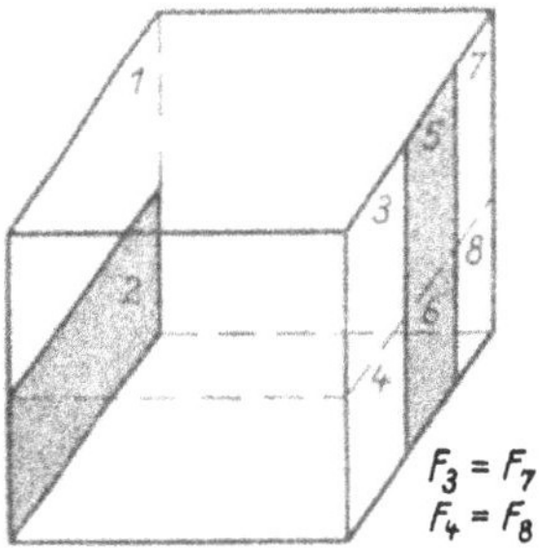

$$\varphi_{m2\,\text{auf}\,5,6} = \underbrace{\varphi_{m2\,\text{auf}\,(3,4,5,6,7,8)}}_{\text{nach Gl. 25}} - 2(\varphi_{m2\,\text{auf}\,3} + \underbrace{\varphi_{m2\,\text{auf}\,4}}_{\text{nach Gl. 25}})$$

mit

$$\varphi_{m3\,\text{auf}\,1,2} - \varphi_{m3\,\text{auf}\,1} = \varphi_{m3\,\text{auf}\,2}$$

$$\varphi_{m2\,\text{auf}\,3} = \varphi_{m3\,\text{auf}\,2}\,\frac{F_3}{F_2}$$

Die Einstrahlzahlen für **1**,3209 und **1**,3210 von der Fläche 1 auf die Fläche 2 lassen sich unter Zurückführung auf die Fälle **1**,3204 bzw. **1**,3205 in sinngemäßer Weise (gestrichelte Hilfslinien) ermitteln. Die Beispielreihe ist beliebig fortsetzbar. Der Satz von der Zerlegbarkeit einer Fläche in Teilflächen, um damit die Ermittlung der Einstrahlzahl von einem Punkt aus auf die Fläche nach den Erläuterungen auf S. 5 durchführen zu können, gilt sinngemäß auch bei strahlenden Flächen. (Die lotrechte Projektion ist einzuhalten.) Zu beachten ist nur, daß bei den Additionen oder Subtraktionen der in den Gleichungen 23 bis 30 (**1**,3106 bis **1**,3113) jeweils

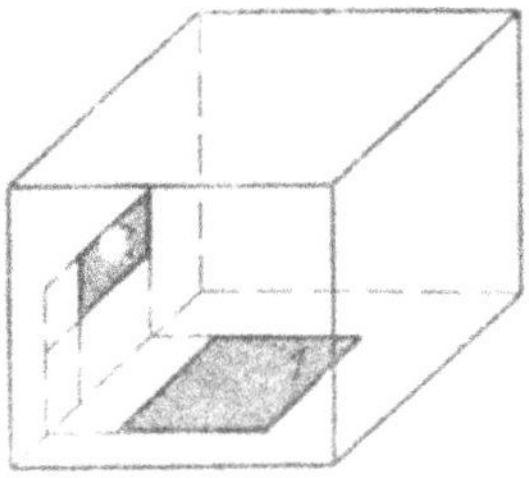

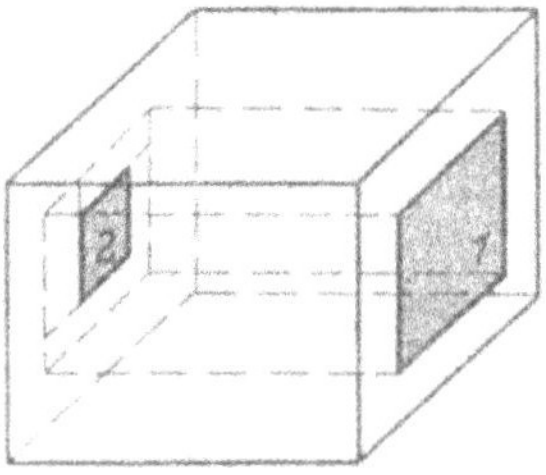

vor der Klammer stehende Multiplikator bei den einzelnen Gliedern der Addition oder Subtraktion gleich ist, d. h. die Operationen von einer Fläche aus erfolgen und diese Fläche selbst nicht unterteilt werden darf. Auf die Vertauschbarkeit von strahlender Fläche (F_1) und bestrahlter Fläche (F_2) ist mit Gleichung 17 hingewiesen worden, demnach ist

$$\varphi_{m_1} F_1 = \varphi_{m_2} F_2$$

und

$$\varphi_{m_1} = \frac{1}{2\pi F_1}\left[\cdot\ \cdot\ \cdot\right], \quad \text{also auch} \quad \varphi_{m_2} = \frac{1}{2\pi F_2}\left[\cdot\ \cdot\ \cdot\right]$$

Bei mehrfachen Berechnungen gleichartiger Verhältnisse ist die Aufstellung einer Buchstabenformel als Grundformel (nach den Angaben unter 1,5) anzuraten. Bei Einzelberechnungen kann die Ermittlung mittels der Teilformeln erfolgen.

1,4 Einführung einer vereinfachten mathematischen Schreibweise für die Gleichungen der Flächenstrahlung

1,41 Buchstabenbezeichnung

Die sich aus den Integrationen ergebenden Endgleichungen weisen eine nicht unbeträchtliche Gliederanzahl auf. Die Gleichungen wirken daher unübersichtlich. Trotzdem ist aus den Einzelgliedern der Gleichungen und deren Gesamtaufbau eine gewisse Gesetzmäßigkeit festzustellen.

Dieses Merkmal gab die Veranlassung zu einer genaueren Betrachtung der Gleichungen und Gleichungsbildung, um eine einfachere Formeldarstellung geben zu können. Dazu führen nun folgende Überlegungen.

Die bei der Flächenteilchenstrahlung schon erkannte additive und subtrahive Berechnungsmöglichkeit der Winkelverhältnisse bei zusammengesetzten rechtwinkligen Flächen wird durch die weitere Integration über die zweite Fläche, die ebenfalls nur rechtwinklig auftritt, auch auf die Flächenstrahlung ausgedehnt.

Die Lage der rechtwinkligen Strahlungsflächen im rechtwinkligen Raum und deren Abmessungen bestimmen die Grenzen der Integrationen.

Auf diesen beiden mathematischen Grundlagen kann man daher nun eine einfachere Schreibweise der Gleichungen über die Winkelverhältnisse im rechtwinkligen Raum (Parallelepipedon) durchführen. Es geschieht dies also durch Zurückführung der Flächenabmessungen der strahlenden und bestrahlten Fläche auf miteinander zu multiplizierende Längen (Kanten) und

Ansatz der Gleichungen nach den Kantenbezeichnungen unter Anlehnung an die Grenzen der betreffenden Integrationen.
Im nachfolgenden werden nun nach diesen Richtlinien die Gleichungen einer Umgestaltung unterzogen.
Es treten durchweg nur drei Arten von Einzelgliedern auf. Es sind dies bei parallelen Flächen

1. Glieder in der Form $a\sqrt{b^2+h^2}\,\mathrm{arc\,tg}\,(a/\sqrt{b^2+h^2})$
2. Glieder in der Form $ah\,\mathrm{arc\,tg}(a/h)$ (ergibt sich aus vorstehendem Glied, wenn $b = 0$ wird)

   und
3. Glieder in der Form

$$(h^2/2)\ln[(a^2+b^2+h^2)h^2/(a^2+h^2)(b^2+h^2)]$$

Je nach den Seitenbezeichnungen des Raumes und der gegenseitigen Lage der im Strahlungsaustausch sich befindlichen Flächen ändern sich die Buchstaben in den Grundgliedern. Der senkrechte Abstand (h) beider Flächen tritt jedoch stets auf.
Bei senkrecht aufeinander stehenden Flächen ohne eine gemeinsame Berührungskante treten noch Glieder auf, bei denen die gesamte Höhe h des Raumes durch das Abstandsmaß der einen oder anderen Fläche von der ideellen (d. h. also nur gedachten) gemeinsamen Berührungskante ersetzt ist. Die Einzelglieder haben dann z. B. folgende Form

1a) $a\sqrt{b^2+g^2}\,\mathrm{arc\,tg}\,(a/\sqrt{b^2+g^2})$

2a) $ag\,\mathrm{arc\,tg}\,(a/g)$

und

3a) $(g^2/4)\ln[(a^2+b^2+g^2)\cdots/(a^2+b^2)\cdots]$

Das Glied 1 bzw. 1a besteht nun also aus

α) einem normalen Buchstabenfaktor a, der jeweils eine Kantenlänge einer Fläche darstellt,

β) einem Wurzelglied mit der Summe zweier ins Quadrat erhobener Buchstaben, die ebenfalls wieder Kantenlängen sind. (Die Wurzel ist nach Pythagoras die Hypotenuse des rechtwinkligen Dreiecks, gebildet aus den beiden Katheten, die unter dem Wurzelzeichen stehen. Durch Gebrauch dieser Hypotenuse ließe sich jetzt das Glied 1 schon auf die Form 2 bringen. Dies bedeutet aber keine Vereinfachung in der Handhabung, da hierzu zusätzliche Maßbezeichnungen eingeführt werden müßten)

und

γ) einem Winkel (da $\operatorname{tg}\varphi = a/\sqrt{b^2+h^2}$ und damit $\varphi = \operatorname{arc\,tg}(a/\sqrt{b^2+h^2})$ ist), und zwar jeweils so, daß der normale Buchstabenfaktor im Zähler erscheint und die Wurzel im Nenner.

Für den Ausdruck $\sqrt{b^2+h^2}\operatorname{arc\,tg}(a/\sqrt{b^2+h^2})$, der nach dem Zuvorstehenden aus einer Länge $(c = \sqrt{b^2+h^2})$ und einem Winkel (φ) besteht, wird die Bezeichnung $\hat{b}$ eingeführt. Damit formt sich das Glied 1 um zu

1) $$a\sqrt{b^2+h^2}\operatorname{arc\,tg}(a/\sqrt{b^2+h^2}) = a(c\varphi) = a\hat{b}$$

Durch die Wahl des Buchstabens a und des Buchstabens b mit einem darübergesetzten Winkelzeichen sowie trotz Vernachlässigung des Buchstabens h ist das normale Vollglied $(a\hat{b})$ stets eindeutig gekennzeichnet. $\hat{b}$ wird nun als **normales W-Glied** (**Wurzel-Winkelglied**) benannt.

Sofern die Höhe h nicht enthalten ist, wurde folgende Bezeichnung angewandt

1 a) $$a\sqrt{b^2+g^2}\operatorname{arc\,tg}(a/\sqrt{b^2+g^2}) = a(\hat{b}g)$$

Durch Umkehrung des Winkelzeichens über dem Buchstaben wurde das Glied 2 bzw. 2a gekennzeichnet, demnach also

2) $$ah\operatorname{arc\,tg}(a/h) = a\check{h}$$

2 a) $$ag\operatorname{arc\,tg}(a/g) = a\check{g}$$

$\check{h}$ und $\check{g}$ werden mit **reduziertem W-Glied** bezeichnet und $(a\check{h})$ als reduziertes Vollglied.

In den Gliedern 3 und 3a treten nur Summen von ins Quadrat erhobenen Buchstaben, die Flächenkanten darstellen, auf. Zur Vereinfachung unterbleibt das Anschreiben der Quadratbezeichnungen und der Pluszeichen, ferner wird die Höhe h gänzlich weggelassen und dies durch rechteckige Klammern zum Ausdruck gebracht.

Es ergibt sich damit folgende Bezeichnungstechnik

3) $$(a^2+b^2+h^2) = [ab] \qquad (a^2+h^2) = [a]$$

$[ab]$ wird als normales $L(d)$-Glied, d. h. normales doppeltes Logarithmenglied bezeichnet.

$[a]$ wird als normales $L(e)$-Glied, d. h. normales einfaches Logarithmenglied bezeichnet.

Für Summen, die ohne das Glied h auftreten, wurde die geschweifte Klammer angewandt, damit also

3 a) $$(a^2+b^2+g^2) = \{abg\} \qquad (a^2+b^2) = \{ab\} \qquad a^2 = \{a\}$$

$\{abg\}$ und $\{ab\}$ werden als reduzierte $L(d)$-Glieder, d. h. reduzierte dreifache bzw. doppelte Logarithmenglieder bezeichnet.

$\{a\}$ wird als reduziertes $L(e)$-Glied, d. h. reduziertes einfaches Logarithmenglied bezeichnet.
Die vier Grundrechnungsarten sowie das kommutative, assoziative und distributive Gesetz der Addition und Multiplikation gelten nach wie vor. Zur rechnerischen Auswertung sind jedoch die Vollglieder (1, 1a, 2, 2a, 3 und 3a) zu bilden.

1.42 Kantenbezeichnung

Nachdem der gesetzmäßige Aufbau der Einzelglieder festliegt, ist nun noch die Gesamtgleichung einer beliebigen gegenseitigen Flächenstrahlung rechtwinkliger Flächen im rechtwinkligen Raum einer näheren Betrachtung zu unterziehen. Wie eingangs erwähnt, ist durch die additiven und subtrahiven Beziehungen und den Integrationsverlauf auch hier eine sinnvolle Gesetzmäßigkeit zu erwarten.
Um diese Gesetzmäßigkeit in einfacher Weise formulieren zu können, wurde nun noch eine dialektische Bezeichnung vorgenommen. Dies geschieht an Hand der beiden untenstehenden Skizzen.
Wird der Gesamtraum, in dem sich die Flächenstrahlung vollzieht, betrachtet, so hat man die verschiedenen Längen der Flächenkanten außer den Raumkanten zu unterscheiden.
Ist die Flächenkante mit der Raumkante gleich groß, so ist dies eine Vollkante (*VK*). Ist die Flächenkante kleiner als die Raumkante, so ist das Kantenstück, Raumkante minus Flächenkante, eine **teilweise** Leerkante (*t LK*) und die Flächenkante selbst eine **teilweise** Vollkante (*tVK*).
Eine Leerkante (*LK*) tritt auf, wenn die strahlende Fläche nirgends die Raumkante erreicht. Eine **ideelle teilweise** Vollkante (*itVK*) ist nun noch einzuführen. Das ist die Projektion einer teilweisen Vollkante auf die Leerkante des Raumes, die sich damit aus einer teilweisen Leerkante (*tLK*) und einer ideellen teilweisen Vollkante (*itVK*) zusammensetzt.
Die für die Gesetzbildung noch notwendigen Vorzeichen der Kanten sind

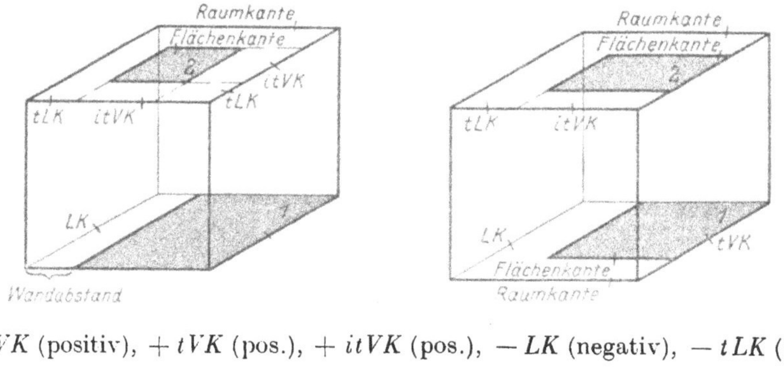

+ *VK* (positiv), + *tVK* (pos.), + *itVK* (pos.), — *LK* (negativ), — *tLK* (neg.)

1,5 Anwendung der vereinfachten Schreibweise für die Gesetze der Flächenstrahlung

1,51 Parallel liegende rechtwinklige Flächen im Strahlungsaustausch

1,511 Formulierung der Gesetzmäßigkeit im Aufbau der Gleichungen an Hand der eingeführten Bezeichnungsweise

Die Gleichung für die mittlere Einstrahlzahl von einer

A. Vollfläche auf eine parallele Teilfläche

im rechtwinkligen Raum ermittelt sich aus:

1. dem Produkt zweier rechtwinkliger Raumkanten, welche die Teilflächenkanten enthalten, und zwar so, daß die
   a) algebraische Summe aus den Flächenkanten einer Raumkante und letztere mit der
   b) algebraischen Summe aus den Flächenkanten der anderen Raumkante und diese multipliziert wird.

   Dabei ist eine der beiden Summen als normale *W*-Glieder einzusetzen und die andere als normale Buchstabenfaktoren.
2. dem gleichen Produkt wie zuvor (additiv), jedoch unter zyklischer Vertauschung der normalen *W*-Glieder mit den normalen Buchstabenfaktoren.
3. der Summe sämtlicher zuvor benannter Raum- und Flächenkanten als normale Buchstabenfaktoren vervielfacht mit der negativen Kantenhöhe des Raumes (senkrechter Flächenabstand) und diese als reduziertes *W*-Glied
4. zuzüglich $h^2/2$ multipliziert mit dem natürlichen Logarithmus des Quotienten, der im
   a) Zähler, die Produkte der positiven und negativen Kanten (normale $L(d)$-Glieder) und die positiven Kanten (normale $L(e)$-Glieder) enthält, im
   b) Nenner, die Produkte der positiven und positiven Kanten (normale $L(d)$-Glieder), der negativen und negativen Kanten (normale $L(d)$-Glieder) und die negativen Kanten (normale $L(e)$-Glieder) selbst.

Bemerkungen

Zu 1. Bei **allseitigem** Wandabstand der Teilfläche sind die Projektionen der Teilflächenkanten (*itVK*) auf die Raumkanten zu nehmen.

Zu 1a u. 1b. Hat die Raumkante **zwei teilweise** Leerkanten (*tLK*) dadurch, daß die Teilfläche einen zweiseitigen Wandabstand in **einer** Kantenrichtung aufweist, dann ist die Raumkante zu ersetzen durch die Flächenkante (*tVK*) plus Wandabstand (*tLK*) einerseits **und** die

Flächenkante plus Wandabstand andererseits. und zwar jeweils als eine Pluskante. Die Bemerkung zu 1 gilt hier ebenfalls.

Zu 3. In dieser Summe entfallen die Kanten, welche als völlige Leerkanten (LK) auftreten, damit die Summe bei einer Teilfläche mit allseitigem Wandabstand gänzlich.

Zu 4. Bei ein- und zweiseitigem Wandabstand (nicht in einer Kantenrichtung) tritt im Nenner die h-Kante als reduziertes $L(e)$-Glied hinzu. Bei allseitigem Wandabstand entfallen die normalen $L(e)$-Glieder.

Das gleiche Bildungsgesetz gilt auch beim Strahlungsaustausch von einer

B. Teilfläche auf eine parallele Teilfläche

im rechtwinkligen Raum, jedoch sind unter

1. die zwei anstoßenden Raumkanten um den rechtwinkligen Abstand (h) versetzt zu nehmen. Es muß ferner die senkrechte Projektion der kleineren Fläche auf die größere teilweise oder gänzlich außerhalb der letzteren liegen. (Liegt die Projektion nämlich gänzlich in der größeren Fläche, so ist dies Fall A. Ferner kann der allseitige Wandabstand einer Teilfläche stets durch Raumverkürzung vermieden werden.)

1,5111 Zeichnerische Darstellung der Formelbildung

Die Gesetzmäßigkeit der Gleichungsbildung bringt die zeichnerische Darstellung verständlicher zum Ausdruck als die Formulierung in Sätzen. Die zuvorstehenden Erklärungen wurden daher auf den Seiten 29 und 30 zeichnerisch dargestellt. Die Teilfläche und die Vollfläche sind aufeinander projiziert dargestellt. Die schraffierte Fläche ist die Teilfläche. Bei der Strahlung von einer Teilfläche auf eine Teilfläche wurden die beiden Teilflächen entgegengesetzt schraffiert. Die sich doppelt schraffiert ergebende Fläche ist die bei der gegenseitigen Projektion zur Überdeckung gelangende Fläche, die für die Gleichungsbildung ausschlaggebend ist.
Um die Zeichnung klar zu halten, wurden die sich ergebenden Formeln vereinfacht angeschrieben.

Beispiel (für Fig. 1,5121)

Gleichung

ausgeschrieben	vereinfacht zu
$1/(2\pi F_1)$	$1/(2\pi)$
$\Big[b(\hat{a}-\hat{w}+\hat{l})+\hat{b}(a-w+l)$	$b(a-w+l)$
$-\check{h}(b+a-w+l)$	$-h(b+a-w+l)$
$+\frac{h^2}{2}\ln\frac{[bw]\,[a]\,[b]\,[l]}{[ab]\,[bl]\,[w]\,\{h\}}\Big]$	$\frac{bw,\ a,\ \breve{b},\ l}{ab,\ bl,\ w,\ h}$

Parallele Flächen

A. Vollfläche auf Teilfläche

1.5121

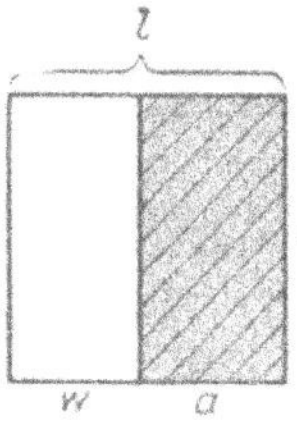

$$1/\pi \;\boxed{b\,(l+a-w)}$$

$$-h\,(b+l+a+w)$$

$$\frac{bw,\ b,\ l,\ a}{bl,\ ba,\ w,\ h}$$

1.5122

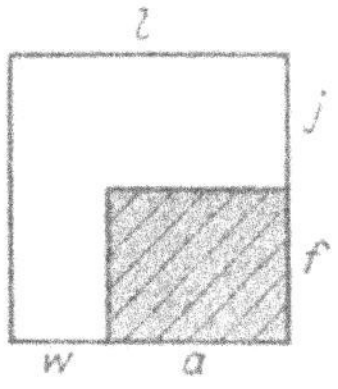

$$1/(2\pi) \;\boxed{(b+f-j)\,(l+a-w)}$$

$$-h\,(b+f-j+l+a-w)$$

$$\frac{bw,\ fw,\ jl,\ ja,\ b,\ fl,\ a}{bl,\ ba,\ fl,\ fa,\ jw,\ j,\ w,\ h}$$

1.51221

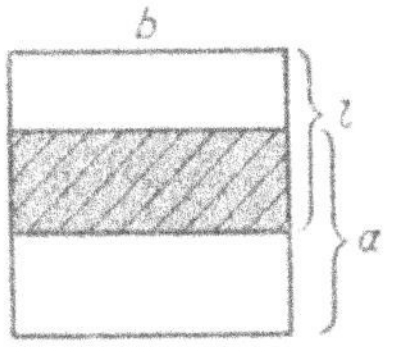

$$1/\pi \;\boxed{b\,(l+a-v-w)}$$

$$-h\,(l+a-v-w)$$

$$\frac{bv,\ bw,\ l,\ a}{bl,\ ba,\ v,\ w}$$

1.5123

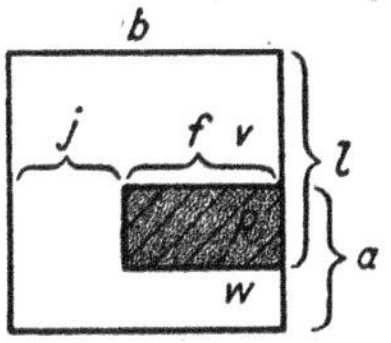

$$1/(2\pi) \;\boxed{(b+f-j)\,(l+a-v-w)}$$

$$-h\,(l+a-v-w)$$

$$\frac{bv,\ bw,\ fv,\ fw,\ jl,\ ja,\ l,\ a}{bl,\ ba,\ fl,\ fa,\ jv,\ jw,\ v,\ w}$$

1.5124

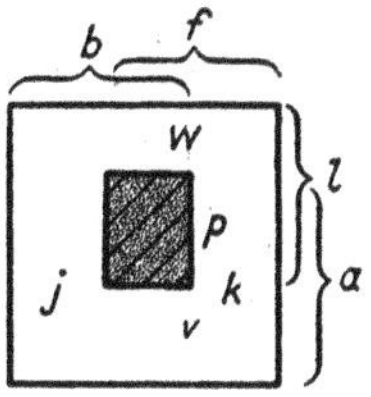

$$1/(2\pi) \;\boxed{(b+f-j-k)\,(l+a-v-w)}$$

$$\frac{bv,\ bw,\ fv,\ fw,\ jl,\ ja,\ kl,\ ka}{bl,\ ba,\ fl,\ fa,\ jv,\ jw,\ kv,\ kw}$$

B. Teilfläche auf Teilfläche

1.51311

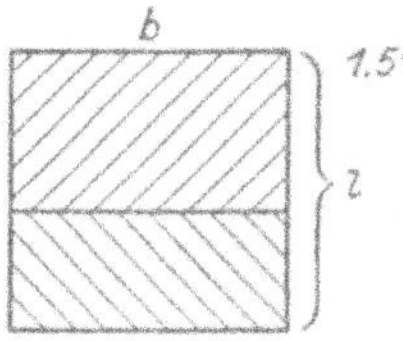

$$1/\pi \;\boxed{b\,(l-a-w)}$$

$$-h\,(b+l-a-w)$$

$$\frac{ba,\ bw,\ l,\ h}{bl,\ b,\ a,\ w}$$

1.51353

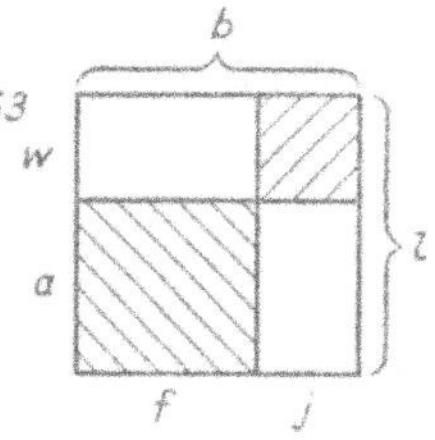

$$1/\pi \;\boxed{(b-j)\,(l-a-w)}$$

$$-h\,(j-b)$$

$$\frac{ba,\ bw,\ jl,\ j}{bl,\ ja,\ jw,\ b}$$

1.5131

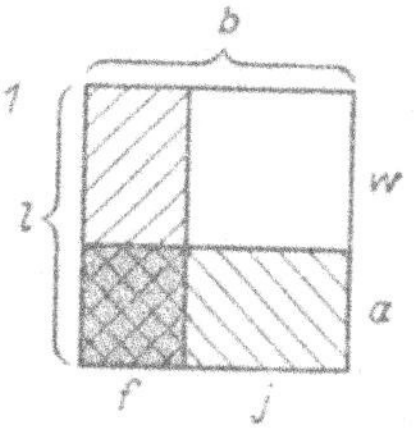

$$1/(2\pi) \;\boxed{(b+f-j)\,(l+a-w)}$$

$$-h\,(b+f-j+l+a-w)$$

$$\frac{bw,\ fw,\ jl,\ ja,\ b,\ f,\ l,\ a}{bl,\ ba,\ fl,\ fa,\ jw,\ j,\ w,\ h}$$

1.5132

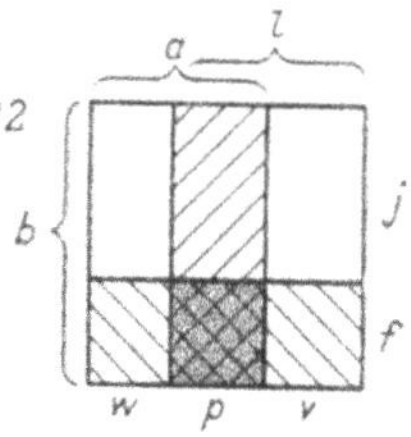

$$1/(2\pi)\ \boxed{(b+f-j)(l+a-v-w)}$$

$$-\,h\,(l+a-v-w)$$

$$\frac{bv,\ bw,\ fv,\ fw,\ jl,\ ja,\ l,\ a}{bl,\ ba,\ fl,\ fa,\ jv,\ jw,\ v,\ w}$$

1.5132

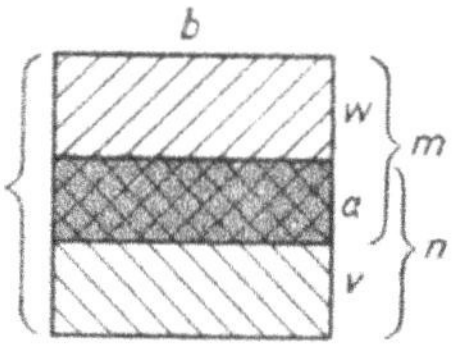

$$1/\pi\ \boxed{b\,(l+a-v-w)}$$

$$-\,h\,(l+a-v-w)$$

$$\frac{bv,\ bw,\ l,\ a}{bl,\ ba,\ v,\ w}$$

1.51312

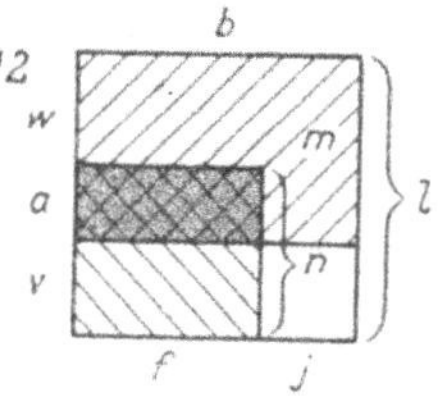

$$1/(2\pi)\ \boxed{(b+f-j)(l+a-v-w)}$$

$$-\,h\,(l+a-v-w)$$

$$\frac{bv,\ bw,\ fv,\ fw,\ jl,\ ja,\ l,\ a}{bl,\ ba,\ fl,\ fa,\ jv,\ jw,\ v,\ w}$$

1.5133

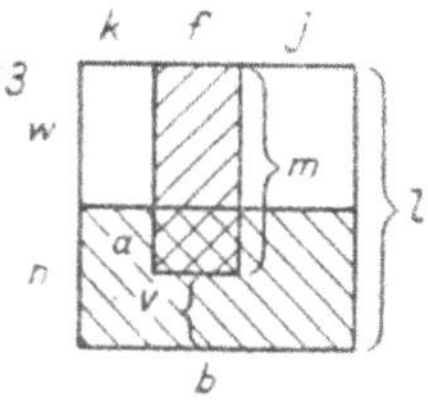

1.5135

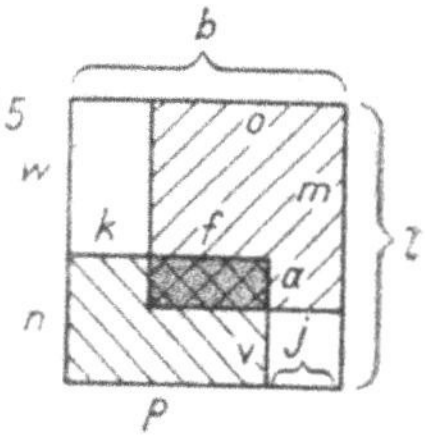

$$1/(2\pi)\ \boxed{(b+f-j-k)(l+a-v-w)}$$

$$\frac{bv,\ bw,\ fv,\ fw,\ jl,\ ja,\ kl,\ ka}{bl,\ ba,\ fl,\ fa,\ jv,\ jw,\ kv,\ kw}$$

1,512 Strahlende Fläche als Vollwandfläche, bestrahlte Fläche als Teilfläche

1,5121 Teilfläche mit einseitigem Wandabstand

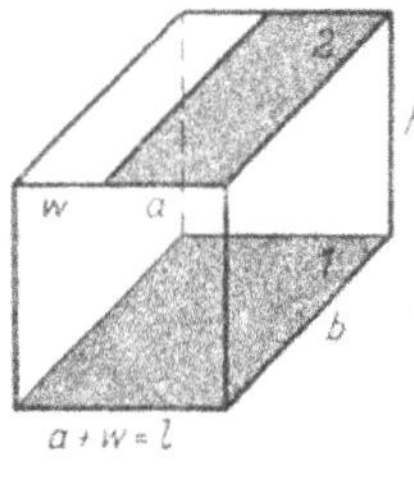

$[+\text{Vollkante}] \overset{\rightarrow}{\underset{\leftarrow}{\times}} [+$ teilweise Vollkante $-$ teilweise Leerkante $+\ \Sigma$ beider teilweiser Kanten]

$-\,h\,[+$Vollkante $+$ teilw. Vollkante $-$ teilw. Leerkante $+\ \Sigma$ beider teilw. Kanten]

$$+\frac{h^2}{2}\ln\frac{[\text{Vollk., teilw. Leerk.}]\,[\text{teilw. Vollk.}]\,[\text{Vollk.}]\,[\text{Vollk.}]}{[\text{Vollk., teilw. Vollk.}]\,[\text{Vollk., Vollk.}]\,[\text{teilw. Leerk.}]\,h^2}$$

(im Zähler sind jeweils die $+\,-$, $+$ Kanten, im Nenner die $+\,+$, $-\,-$, $-$ Kanten)

Beipiel:

$$(25)\qquad \varphi_{m_1} = \frac{1}{\pi b l}\Big[b\,(\hat{a} - \hat{w} + \hat{l}) + \hat{b}\,(a - w + l) - \check{h}\,(b + a - w + l)$$

$$+ \frac{h^2}{2}\ln\frac{[b\,w]\,[a]\,[b]\,[l]}{[a\,b]\,[b\,l]\,[w]\,\{h\}}\Big]\quad \text{Gl. 25 } (\mathbf{1},307)$$

1,5122 Teilfläche mit zweiseitigem Wandabstand

$$[+tVK - tLK + \Sigma bK] \underset{\leftarrow}{\overset{\rightarrow}{\times}} [tVK - tLK + \Sigma bK]$$

$$- h\,[+tVK - tLK + \Sigma bK + tVK - tLK + \Sigma bK]$$

$$+ \frac{h^2}{2}\ln\frac{[tVK, tLK]\,[VK, tLK]\,[tVK, tLK]\,[VK, tLK]\,[tVK]\,[tVK]\,[VK]\,[VK]}{[tVK, tVK]\,[VK, tVK]\,[tVK, VK]\,[VK, VK]\,[tLK, tLK]\,[tLK]\,[tLK]\,h^2}$$

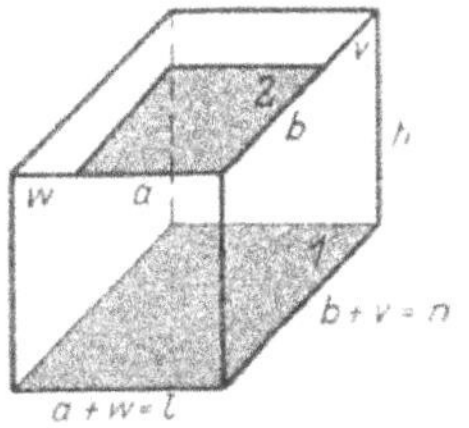

Beispiel:

$$(26)\qquad \varphi_{m_1} = \frac{1}{2\pi l n}\Big[(\hat{b} - \hat{v} + \hat{n})\,(a - w + l)$$

$$+ (b - v + n)\,(\hat{b} - \hat{w} + \hat{l})$$

$$- \check{h}\,(a + w + l + b - v + n)$$

$$+ \frac{h^2}{2}\ln\frac{\lceil b\,w\rceil\,\lceil a\,v\rceil\,\lceil l\,v\rceil\,\lceil n\,w\rceil\,\lceil a\rceil\,\lceil b\rceil\,\lceil l\rceil\,\lceil n\rceil}{\lfloor a\,b\rfloor\,\lfloor v\,w\rfloor\,\lfloor a\,n\rfloor\,\lfloor b\,l\rfloor\,\lfloor l\,n\rfloor\,\lfloor w\rfloor\,\lfloor v\rfloor\,\{h\}}\Big]\quad \text{Gl. 26 } (\mathbf{1},3108)$$

Die Kürze dieser Formel im Vergleich zu der ausgeschriebenen Gleichung (26) S. 17 ist sinnfällig. An Hand des Bildungsgesetzes und des Bildes **1**,5122 kann die Gleichung sofort niedergeschrieben werden.

1,51221

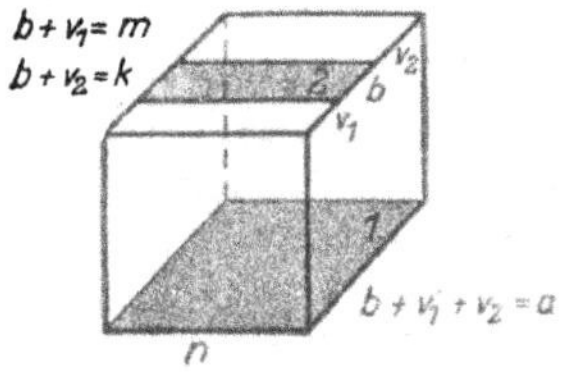

$$(34)\qquad \varphi_{m_1} = \frac{1}{\pi a n}\Big[n\,(\hat{k} + \hat{m} - \hat{v}_1 - \hat{v}_2)$$

$$+ \hat{n}\,(k + m - v_1 + v_2) - \check{h}\,(k + m - v_1 - v_2)$$

$$+ \frac{h^2}{2}\ln\frac{[n\,v_1]\,[n\,v_2]\,[k]\,[m]}{[n\,k]\,[n\,m]\,[v_1]\,[v_2]}\Big]$$

1,51222 Für den Sonderfall, daß $v_1 = v_2$ ist und damit auch $k = m$ (Fläche 2 in der Mitte liegend), wird

$$\varphi_{m_1} = \frac{2}{\pi a n}\Big[n\,(\hat{m} - \hat{v}) + \hat{n}\,(m - v)$$

$$- \check{h}\,(m - v) + \frac{h^2}{2}\ln\frac{[n\,v]\,[m]}{[n\,m]\,[v]}\Big]$$

1,5123 Teilfläche mit dreiseitigem Wandabstand

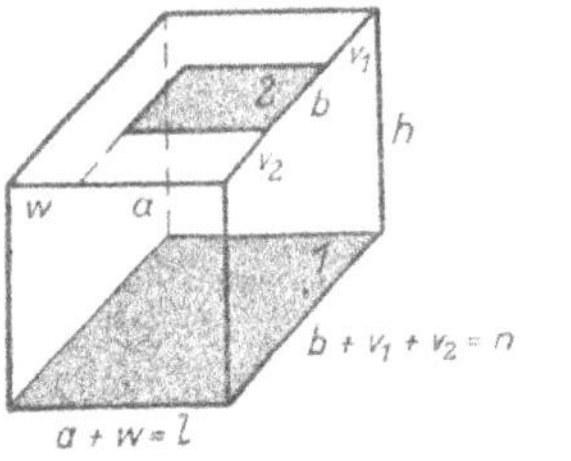

$$(35) \quad \varphi_{m_1} = \frac{1}{2\pi l n}\Big[(\hat{k} + \hat{m} - \hat{v}_1 - \hat{v}_2)(a - w + l) + (k + m - v_1 - v_2)(\hat{a} - \hat{w} + \hat{l}) - \check{h}(k + m - v_1 - v_2) + \frac{h^2}{2}\ln\frac{[a\,v_1][a\,v_2][w\,k][w\,m][l\,v_1][l\,v_2][k][m]}{[a\,k][a\,m][l\,k][l\,m][w\,v_1][w\,v_2][v_1][v_2]}\Big]$$

1,51231 Für den Sonderfall, daß $v_1 = v_2$ wird, damit auch $k = m$, ergibt sich

$$(35\,\mathrm{a}) \quad \varphi_{m_1} = \frac{1}{\pi l n}\Big[(\hat{m} - \hat{v})(a - w + l) + (m - v)(\hat{a} - \hat{w} + \hat{l}) - \check{h}(m - v) + \frac{h^2}{2}\ln\frac{[a\,v][w\,m][l\,v][m]}{[a\,m][l\,m][w\,v][v]}\Big]$$

1,5124 Teilfläche mit allseitigem Wandabstand

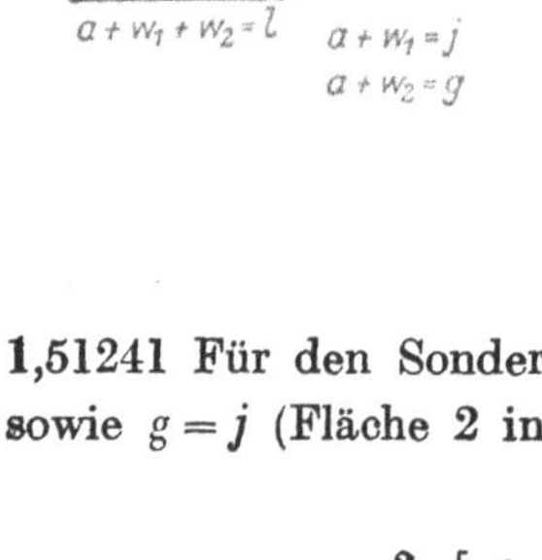

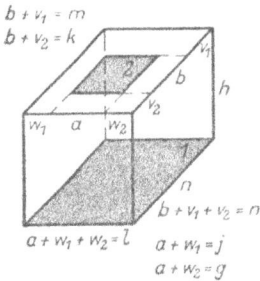

$$(36) \quad \varphi_{m_1} = \frac{1}{2\pi l n}\Big[(\hat{k} + \hat{m} - \hat{v}_1 - \hat{v}_2)(g + j - w_1 - w_2) + (k + m - v_1 - v_2)(\hat{g} + \hat{j} - \hat{w}_1 - \hat{w}_2) + \frac{h^2}{2}\ln\frac{[g\,v_1][g\,v_2][j\,v_1][j\,v_2][k\,w_1][k\,w_2][m\,w_1][m\,w_2]}{[g\,k][g\,m][j\,k][j\,m][v_1\,w_1][v_1\,w_2][v_2\,w_1][v_2\,w_2]}\Big]$$

Das $\check{h}$-Glied entfällt völlig, da die beiden Kanten als Leerkanten auftreten; im ln-Glied entfallen deshalb auch die Einzelglieder.

1,51241 Für den Sonderfall, daß $w_1 = w_2$, $v_1 = v_2$ und damit auch $m = k$ sowie $g = j$ (Fläche 2 in der Mitte liegend) ist, wird

$$(36\,\mathrm{a}) \quad \varphi_{m_1} = \frac{2}{\pi l n}\Big[(\hat{m} - \hat{v})(g - w) + (m - v)(\hat{g} - \hat{w}) + \frac{[g\,v][m\,v]}{[g\,m][v\,w]}\Big]$$

1,51242 Wenn ferner noch $v = w$ und $g = m$ ist (damit auch $a = b$ und $l = n$), so wird

(36 b)
$$\varphi_{m_1} = \frac{4}{\pi l n}\left[(\widehat{m} - \widehat{w})(m - w) + \frac{h^2}{2} \ln \frac{[m w][m w]}{[m m][w w]}\right]$$

1,513 Strahlende und bestrahlte Fläche als Teilflächen

1,5131 Beide Teilflächen mit einseitigem Wandabstand

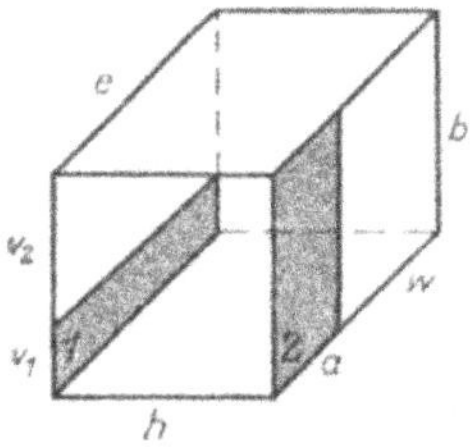

(37)
$$\varphi_{m_1} = \frac{1}{2\pi l v_1}\Big[(\widehat{a} - \widehat{w} + \widehat{l})(v_1 - v_2 + b)$$
$$+ (a - w + l)(\widehat{v}_1 - \widehat{v}_2 + \widehat{b})$$
$$- \check{h}(v_1 - v_2 + b + a - w + l)$$
$$+ \frac{h^2}{2} \ln \frac{[a v_2][b w][v_1 w][v_2 l][a][b][l][v_1]}{[a b][a v_1][b l][v_1 l][v_2 w][v_2][w]\{h\}}\Big]$$

1,51311

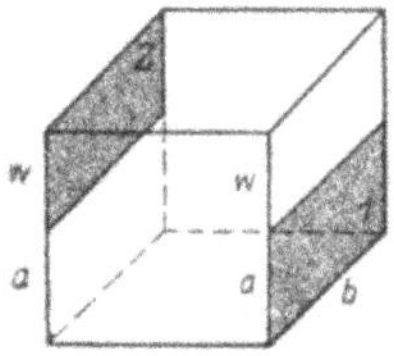

(38)
$$\varphi_{m_1} = \frac{1}{\pi a b}\Big[b(\widehat{l} - \widehat{w} - \widehat{a})$$
$$+ \widehat{b}(l - w - a) - \check{h}(l - w - a - b)$$
$$+ \frac{h^2}{2} \ln \frac{[b w][b a][l]\{h\}}{[b l][a][w][b]}\Big]$$

1,51312

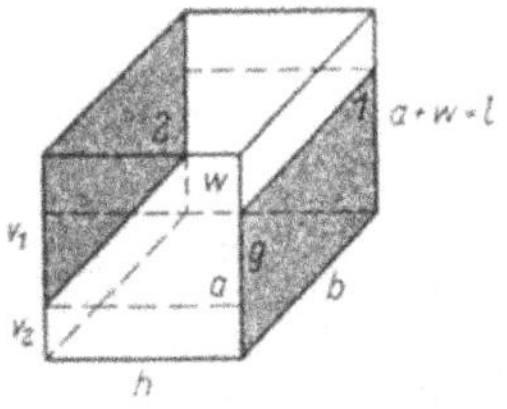

(39)
$$\varphi_{m_1} = \frac{1}{\pi a b}\Big[b(\widehat{l} + \widehat{g} - \widehat{v}_2 - \widehat{w})$$
$$+ \widehat{b}(l + g - v_2 - w) - \check{h}(l + g - v_2 - w)$$
$$+ \frac{h^2}{2} \ln \frac{[b w][b v_2][l][g]}{[b l][b g][v_2][w]}\Big]$$

1,5132 Eine Teilfläche mit einseitigem Wandabstand, andere Teilfläche mit zweiseitigem Wandabstand

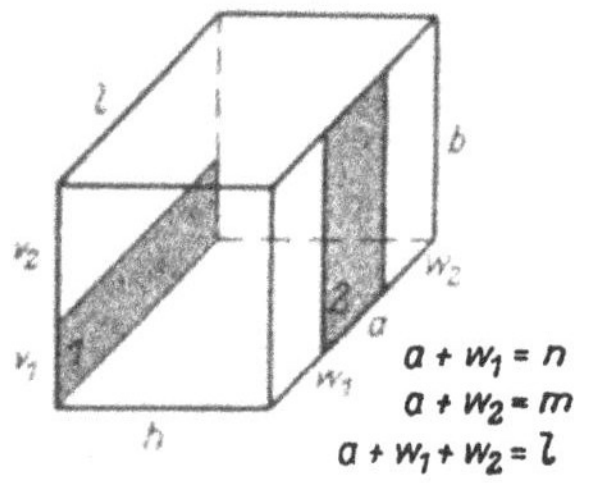

$$(40)\quad \varphi_{m_1} = \frac{1}{2\pi l v_1}\Big[(\hat{v}_1 - \hat{v}_2 + \hat{b})(m + n - w_1 - w_2)$$

$$+ (v_1 - v_2 + b)(\hat{m} + \hat{n} - \hat{w}_1 - \hat{w}_2)$$

$$- \check{h}(m + n - w_1 - w_2)$$

$$+ \frac{h^2}{2} \ln \frac{[b\,w_1][b\,w_2][v_2\,m][v_2\,n][v_1\,w_1][v_2\,w_2][m][n]}{[b\,m][b\,n][v_1\,m][v_1\,n][v_2\,w_1][v_2\,w_2][w_1][w_2]}\Big]$$

1,51321 Für den Sonderfall, daß $w_1 = w_2$ ist, damit auch $m = n$ (Fläche 2 in der **Mitte** liegend), wird

$$(40\,\mathrm{a})\quad \varphi_{m_1} = \frac{1}{\pi l v_1}\Big[(\hat{v}_1 - \hat{v}_2 + \hat{b})(m - w) + (v_1 - v_2 + b)(\hat{m} - \hat{w})$$

$$- \check{h}(m - w) + \frac{h^2}{2} \ln \frac{[b\,w][v_2\,m][v_1\,w][m]}{[b\,m][v_1\,m][v_2\,w][w]}\Big]$$

1,51322

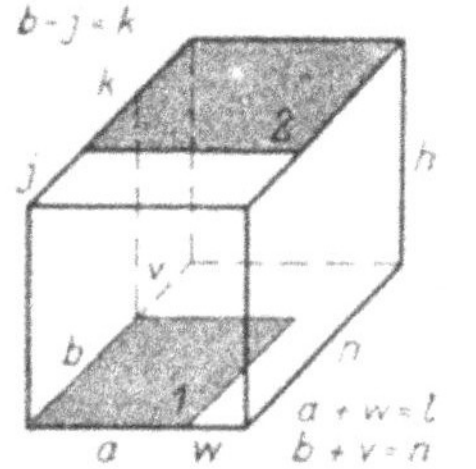

$$(41)\quad \varphi_{m_1} = \frac{1}{2\pi a b}\Big[(\hat{a} - \hat{w} + \hat{l})(n + k - j - v)$$

$$+ (a - w + l)(\hat{n} + \hat{k} - \hat{j} + \hat{v})$$

$$- \check{h}(n + k - j - v)$$

$$- \frac{h^2}{2} \ln \frac{[a\,j][a\,v][w\,n][w\,k][l\,j][l\,v][n][k]}{[a\,n][a\,k][w\,j][w\,v][l\,n][l\,k][j][v]}\Big]$$

1,51323 Wird $k = 0$, das ist der Fall bei $j = b$ und $m = v$, so ergibt sich

$$(41\,\mathrm{a})\quad \varphi_{m_1} = \frac{1}{2\pi a b}\Big[(\hat{n} - \hat{v} - \hat{b})(a - w + l) + (n - v - b)(\hat{a} - \hat{w} + \hat{l})$$

$$- \check{h}(n - v - b - a + w - l) + \frac{h^2}{2} \ln \frac{[a\,b][b\,l][a\,v][l\,v][n\,w][n][w]\{h\}}{[a\,n][v\,w][l\,n][b\,w][v][l][a][b]}\Big]$$

1,5133 Eine Teilfläche mit einseitigem Wandabstand, andere Teilfläche mit dreiseitigem Wandabstand

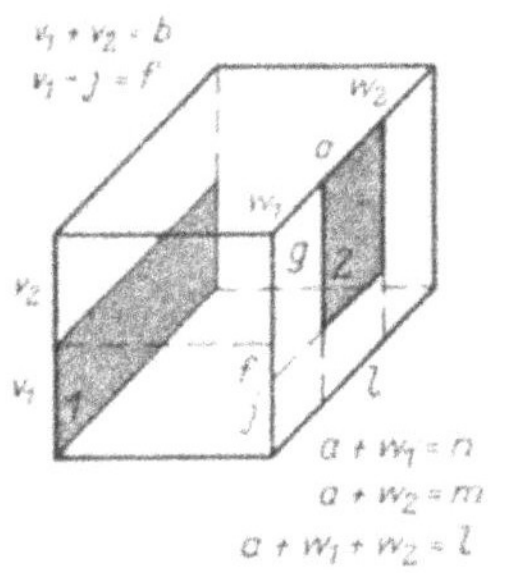

$$(42)\quad \varphi_{m_1} = \frac{1}{2\pi l v_1}\Big[(\hat{b} - \hat{j} + \hat{f} - \hat{v}_2)$$

$$(m + n - w_1 - w_2)$$

$$+ (b - j + f - v_2)(\hat{n} + \hat{n} - \hat{w}_1 - \hat{w}_2)$$

$$+ \frac{h^2}{2} \ln \frac{[b\,w_1][b\,w_2][j\,m][j\,n][f\,w_1][f\,w_2][v_2\,m][v_2\,n]}{[b\,m][b\,n][j\,w_1][j\,w_2][f\,m][f\,n][v_2\,w_1][v_2\,w_2]}\Big]$$

Für den Sonderfall, daß $w_1 = w_2$ ist, damit auch $m = n$ (Fläche 2 in der Mitte liegend), wird

$$(42\,\mathrm{a})\quad \varphi_{m_1} = \frac{1}{\pi l v_1}\Big[(\hat{b} - \hat{j} + \hat{f} - \hat{v}_2)(m - w) + (b - j + f - v_2)(\hat{m} - \hat{w}) + \frac{h^2}{2} \ln \frac{[b w][j m][f w][v_2 m]}{[b m][j w][f m][v_2 w]}\Big]$$

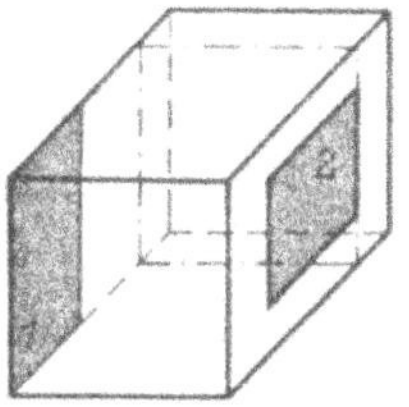

1,5134 Eine Teilfläche mit einseitigem Wandabstand, andere Teilfläche mit allseitigem Wandabstand

Durch Verkürzung des gegebenen rechtwinkligen Raumes (siehe Bild) auf den einfachen Fall 1,5133 zurückführbar.

1,5135 Beide Teilflächen mit zweiseitigem Abstand

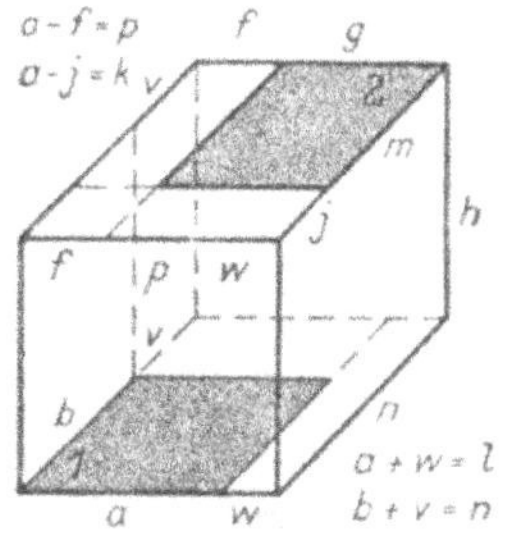

$$(43)\quad \varphi_{m_1} = \frac{1}{2\pi a b}\Big[(\hat{l} + \hat{p} - \hat{f} - \hat{w})(n + k - j - v) + (l + p - f - w)(\hat{n} + \hat{k} - \hat{j} - \hat{v}) + \frac{h^2}{2} \ln \frac{[l j][l v][p j][p v][f n][f k][w n][w k]}{[l n][l k][p n][p k][f j][f w][w j][w v]}\Big]$$

1,51351 Für den Sonderfall, daß $j = b$ und damit $k = 0$, wird

$$(43\,\mathrm{a})\quad \varphi_{m_1} = \frac{1}{2\pi a b}\Big[(\hat{l} + \hat{p} - \hat{f} - \hat{w})(n - v - b) + (l + p - f - w)(\hat{m} - \hat{v} - \hat{b}) - \check{h}(f + w - l - p) + \frac{h^2}{2} \ln \frac{[b l][l v][n w][b p][f n][v p][w][f]}{[v w][l n][b w][f b][n p][f v][l][p]}\Big]$$

1,51352 Sinngemäß schreibt sich die Gleichung für den Sonderfall $f = a$ und damit $p = 0$

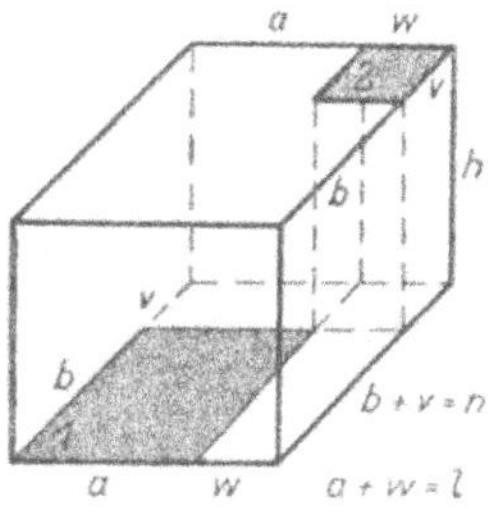

1,51353 Beim Zusammentreffen beider Sonderfälle, also $j = b$, $f = a$ und p bzw. $k = 0$ ergibt sich

$$(43\,\mathrm{b})\quad \varphi_{m_1} = \frac{1}{2\pi a b}\Big[(\hat{l} - \hat{w})(n - v - b) + (l - w)(\hat{n} - \hat{v} - \hat{b}) - \check{h}(w - l) + \frac{h^2}{2} \ln \frac{[b l][l v][n w][w]}{[v w][l n][b w][l]}\Big]$$

1,5136 Zurückführung der übrigen Wandabstände auf die vorstehenden Fälle.

1,51361 Eine Teilfläche mit zweiseitigem Abstand, andere Teilfläche mit dreiseitigem Abstand ist auf Fall **1**,5133 zurückführbar (siehe Bild).

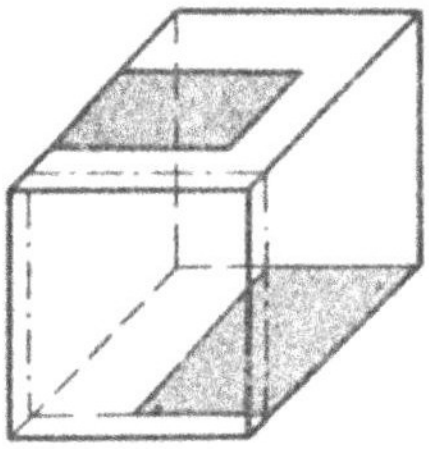

1,51362 Eine Teilfläche mit zweiseitigem Abstand, andere Teilfläche mit allseitigem Abstand ist auf Fall **1**,5135 zurückführbar (siehe Bild).

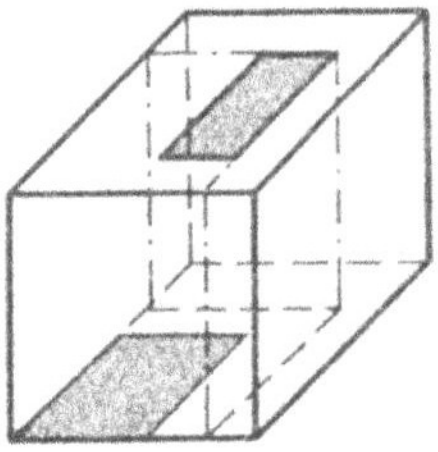

1,51363 Beide Teilflächen mit dreiseitigem Abstand (Fall **1**,5135).

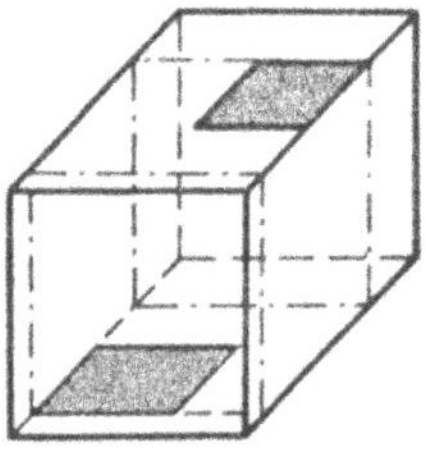

1,51364 Eine Teilfläche mit dreiseitigem Abstand, andere Teilfläche mit allseitigem Abstand (Fall **1**,5135).

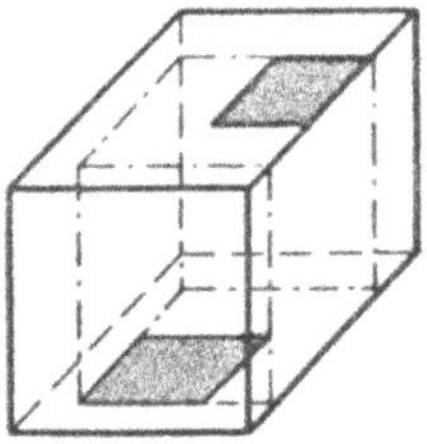

1,51365 Beide Teilflächen mit allseitigem Abstand (Fall **1**,5135).

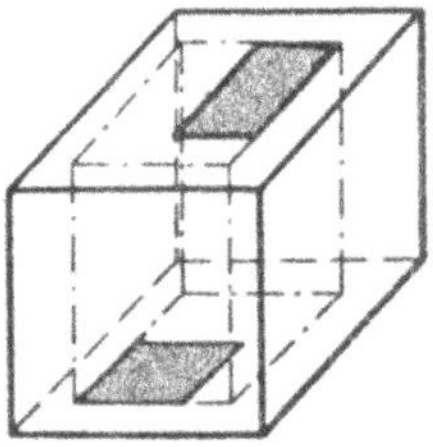

1,52 Rechtwinklig zueinander stehende rechtwinklige Flächen im Strahlungsaustausch

1,521 Formulierung der Gesetzmäßigkeit im Aufbau der Gleichungen an Hand der eingeführten Bezeichnungsweise

Die Gleichung für die mittlere Einstrahlzahl von einer

A. Vollfläche auf eine rechtwinklig dazustehende Teilfläche

im rechtwinkligen Raum ermittelt sich aus:

1. dem Produkt zweier algebraischer Summen, die sich bilden aus
   a) den Flächenkanten der gemeinsamen Raumkante und letztere als normale Buchstabenfaktoren und
   b) den zwei rechtwinklig dazustehenden Raumkanten, wobei die Raumkante der Teilfläche als positives reduziertes W-Glied und als negatives normales W-Glied und die senkrechte Kantenhöhe als positives reduziertes W-Glied auftritt,

2. zuzüglich $^1/_4$ mal der Quadratzahl einer Kante und multipliziert mit dem natürlichen Logarithmus des Quotienten, der im
   a) Zähler einer positiven Kante bzw. negativen, diese Kante als normales bzw. reduziertes $L(e)$-Glied und das Produkt der Kante mit der Raumkantenlänge der Teilfläche als reduziertes bzw. normales $L(d)$-Glied enthält, im
   b) Nenner den Vorgang wie zuvor, jedoch mit zyklischer Vertauschung von normalem in reduziertem Glied und umgekehrt. Es treten alle normalen Buchstabenfaktoren in der Form 2, 2a und b auf.

3. Wie bei 2, jedoch für die Kanten der W-Glieder unter 1b (jedes W-Glied aber nur einmal). Der Quotient enthält im
   a) Zähler die Produkte der Kante mit den normalen Buchstabenfaktoren als normale $L(d)$-Glieder bei positiven Buchstabenfaktoren und als reduzierte $L(d)$-Glieder bei negativem Buchstabenfaktor sowie die Kante als reduziertes $L(e)$ Glied.
   b) Der Nenner sinngemäß wie bei 2b.

4. Wie bei 2, jedoch für die senkrechte h-Kante, wobei im
   a) Zähler die Produkte der positiven normalen Buchstabenfaktoren mit der Raumkantenlänge der Teilfläche (normale $L(d)$-Glieder) und die negativen normalen Buchstabenfaktoren als normale $L(e)$-Glieder und gegebenenfalls das h-Glied als reduziertes $L(e)$-Glied (bei ungerader Gliederzahl) stehen.

b) Wie zuvor, jedoch für die negativen Buchstabenfaktoren als Produkte und positiven Buchstabenfaktoren als Einzelglieder (und ohne das ***h***-Glied).

Bemerkungen

Zu 1b. Hat die Vollfläche keine Berührung mit der Teilfläche, so verschwindet das reduzierte W-Glied, und die Abstandskante der Teilfläche von der Vollfläche tritt als subtrahives normales und reduziertes W-Glied, und zwar jeweils von der Raumkante auf.

Zu 2, 3 und 4. Hat die Vollfläche keine Berührung mit der Teilfläche, so werden aus den $L(e)$-Gliedern $L(d)$-Glieder mit der negativen Abstandskante von der Vollfläche.

Das gleiche Bildungsgesetz gilt auch beim Strahlungsaustausch von einer

B. Teilfläche auf eine rechtwinklig dazustehende Teilfläche

im rechtwinkligen Raum.
Sofern beide Teilflächen keine gemeinsame Kante aufweisen, so treten die beiden Kanten der Teilflächen von der gemeinsamen (gedachten) Raumkante in der Gesetzmäßigkeit sinngemäß auf.
Auch hier wurde wieder die **zeichnerische Darstellung der Formelbildung** gewählt und auf den Seiten 39 bis 43 wiedergegeben.
Bei der Strahlung von der Vollfläche auf die Teilfläche ist die senkrechte Projektion der Vollfläche stets die rechte senkrechte Kante. Bei der Teilfläche auf die Teilfläche wurde die Projektion der senkrechten Teilfläche um 90° nach oben aufgeklappt dargestellt.
Für die Vereinfachung der eingeschriebenen Gleichung gilt folgendes **Beispiel** (für Fig. 1,52211):

Gleichung

ausgeschrieben	vereinfacht zu
$1/(2\pi F_1)\Big[(a-w+l)(\check{b}-\hat{b}+\check{h})$	$1/(2\pi)(a-w+l)(\check{b}-\hat{b}+\check{h})$
$+\frac{a^2}{4}\ln\frac{\{ab\}\,[a]}{[ab]\,\{a\}}+\frac{w^2}{4}\ln\frac{[bw]\,\{w\}}{\{bw\}\,[w]}$	$(a)\ ab,\ a\quad(-w)\ bw,\ w$
$+\frac{l^2}{4}\ln\frac{\{bl\}\,[l]}{[bl]\,\{l\}}+\frac{b^2}{4}\ln\frac{[bl]\,[ab]\,\{bw\}\,\{b\}}{\{bl\}\,\{ab\}\,[bw]\,[b]}$	$(l)\ bl,\ l\quad(b)\ bl,\ ab,\ bw,\ b$
$+\frac{h^2}{4}\ln\frac{[bl]\,[ab]\,[w]\,h}{[bw]\,[a]\,[b]\,[l]}\Big]$	$(h)\ \frac{bl,\ ab,\ w,\ h}{bw,\ a,\ b,\ l}$

Rechtwinklig zueinander stehende Flächen

A. Vollfläche auf Teilfläche

1.52211

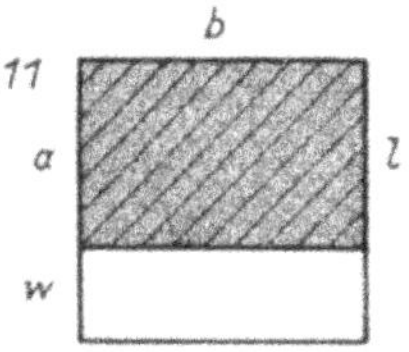

$$1/(2\pi)\ \boxed{(l+a-w)(\check{b}-\hat{b}+\check{h})}$$

$(l)\ lb,\ l\ \ (a)\ ab,\ a$

$(-w)\ wb,\ w\ \ (b)\ lb,\ ab,\ wb,\ b$

$(h)\ \dfrac{lb,\ ab,\ w,\ h}{wb,\ l,\ a,\ b}$

1.5222

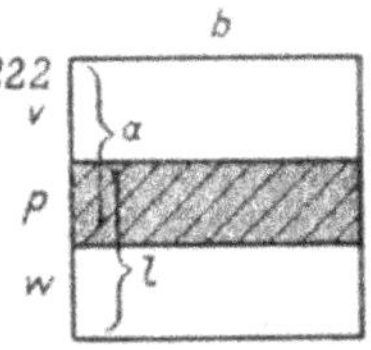

$$1/(2\pi)\ \boxed{(l+a-v-w)(\check{b}-\hat{b}+\check{h})}$$

$(l)\ lb,\ l\ \ (a)\ ab,\ a$

$(-v)\ vb,\ v\ \ (-w)\ wb,\ w$

$(b)\ lb,\ ab,\ vb,\ wb\ \ (h)\ \dfrac{lb,\ ab,\ v,\ w}{vb,\ wb,\ l,\ a}$

1.52212

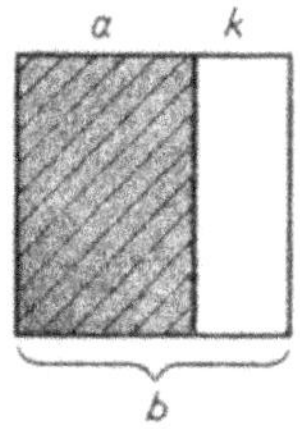

$$1/(2\pi)\ \boxed{l[(\check{b}-\check{k})-(\hat{b}-\hat{k})]}$$

$(l)\ lb,\ lk\ \ (b)\ lb,\ b$

$(k)\ lk,\ k\ \ (h)\ \dfrac{lb,\ k}{lk,\ a}$

1.5223

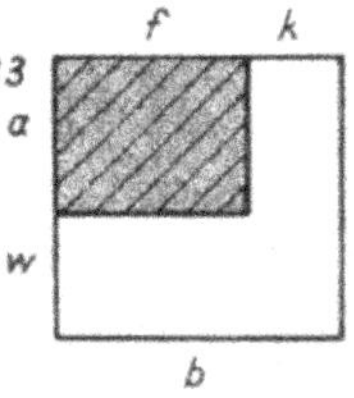

$$1/(2\pi)\ \boxed{(l+a-w)[(\check{b}-\check{k})-(\hat{b}-\hat{k})]}$$

$(l)\ lb,\ lk\ \ (a)\ ab,\ ak$

$(-w)\ wb,\ wk\ \ (b)\ lb,\ ab,\ wb,\ b$

$(k)\ lb,\ ak,\ wk,\ k\ \ (h)\ \dfrac{lb,\ ab,\ wk,\ k}{wb,\ lk,\ ak,\ b}$

1.5224

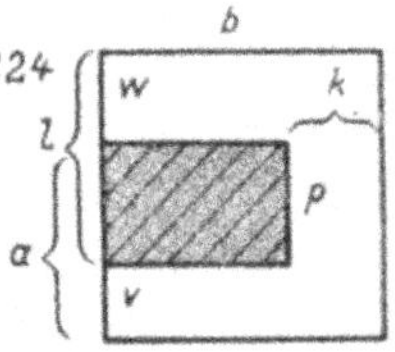

$$1/(2\pi)\ \boxed{(l+a-v-w)[(\check{b}-\check{k})-(\hat{b}-\hat{k})]}$$

$(l)\ lb,\ lk\ \ (a)\ ab,\ ak\ \ (-v)\ vb,\ vk$

$(-w)\ wb,\ wk\ \ (b)\ lb,\ ab,\ vb,\ wb$

$(k)\ lk,\ ak,\ vk,\ wk\ \ (h)\ \dfrac{lb,\ ab,\ vk,\ wk}{lk,\ ak,\ vb,\ wb}$

B. Teilfläche auf Teilfläche

1.52311

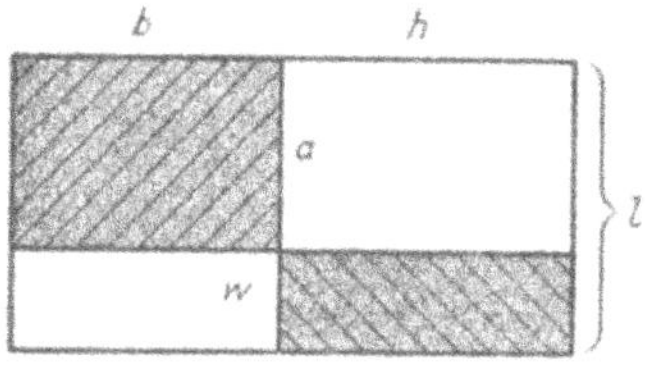

$$1/(2\pi)\ \boxed{(l-a-w)\,(\breve{b}-\hat{b}-\breve{h})}$$

$(l)\ lb,\ l\ \ (-a)\ ab,\ a$

$(-w)\ wb,\ w\ \ (b)\ lb,\ ab,\ wb,\ b$

$(h)\ \dfrac{lb,\ a,\ w,\ b}{ab,\ wb,\ l,\ h}$

1.52312

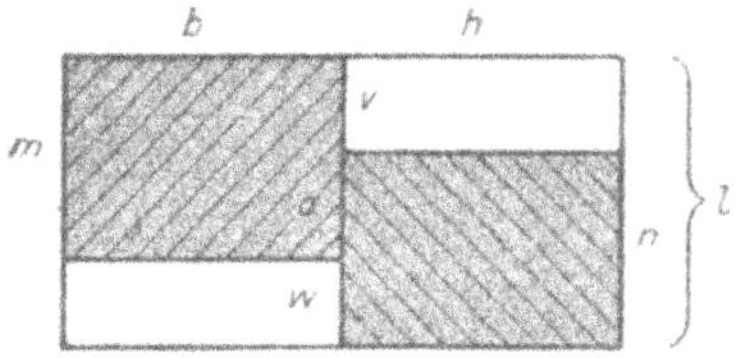

1.52313

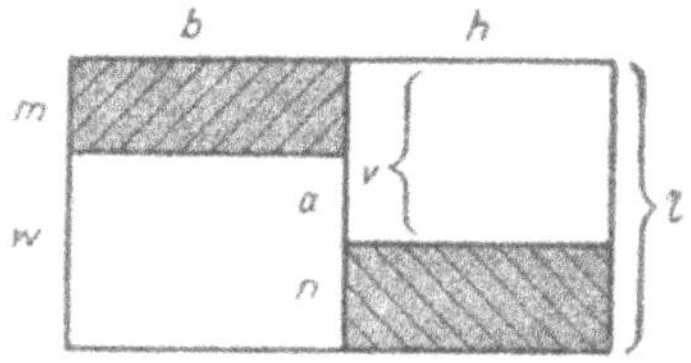

$$1/(2\pi)\ \boxed{(l+a-v-w)\,(\breve{b}-\hat{b}-\hat{h})}$$

$(l)\ lb,\ l\ \ (a)\ ab,\ a\ \ (-v)\ vb,\ v\ \ (-w)\ wb,\ w$

$(b)\ lb,\ ab,\ bv,\ bw$

$(h)\ \dfrac{lb,\ ab,\ v,\ w}{bv,\ bw,\ l,\ a}$

1.53323

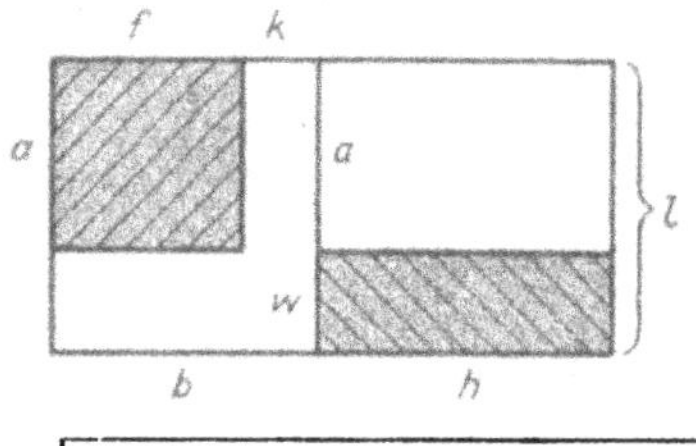

$$1/(2\pi)\ \boxed{(l-a-w)\,[{}'\breve{b}-\breve{k})-(\hat{b}-\hat{k},]}$$

$(b)\ lb,\ ab,\ wb,\ b$

$(h)\ \dfrac{lb,\ ak,\ wk,\ b}{ab,\ wb,\ lk,\ k}$

1.52325

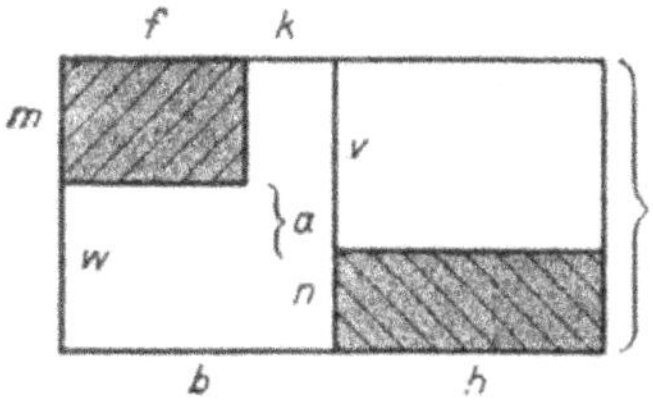

1.52324

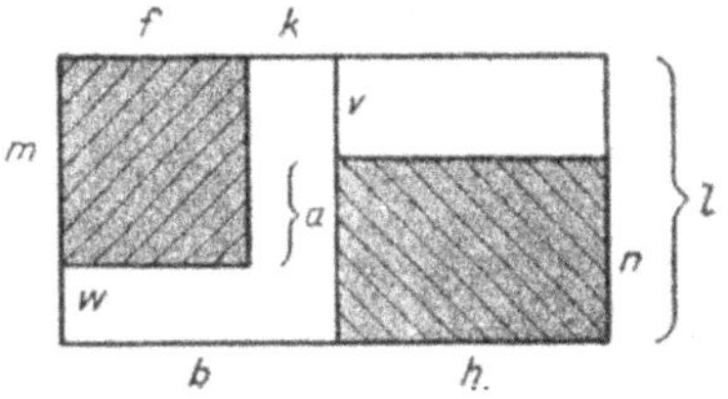

$$1/(2\pi)\ \boxed{(l+a-v-w)\,[(\breve{b}-\breve{k})-(\hat{b}-\hat{k})]}$$

$(l)\ lb,\ lk\ \ (a)\ ab,\ ak\ \ (-v)\ vb,\ vk\ \ (-w)\ wb,\ wk$

$(b)\ lb,\ ab,\ vb,\ wb\ \ (k)\ lk,\ ak,\ vk,\ wk$

$(h)\ \frac{lb,\ ab,\ vk,\ wk}{vb,\ wb,\ lk,\ ak}$

1.5233

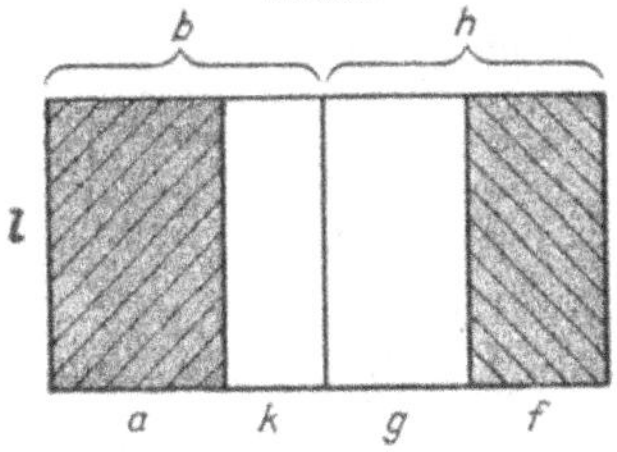

$$1/\pi\ \boxed{l[(\widehat{bg})-(\widehat{gk})-(\hat{b}-\hat{k})]}$$

$(l)\ \frac{lbg,\ lk}{lgk,\ lb}\ \ (b)\ \frac{lb,\ lg}{lbg,\ b}\ \ (g)\ \frac{lgk,\ bg}{lbg,\ gk}\ \ (k)\ \frac{gk,\ k}{lgk,\ lk}\ \ (h)\ \frac{lb,\ k}{lk,\ b}$

1.5232

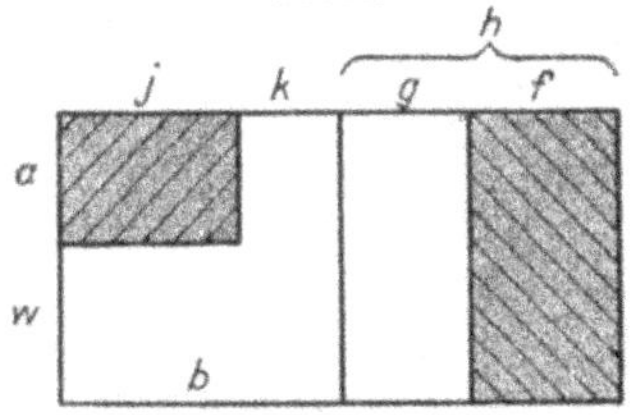

$$1/(2\pi)\ \boxed{(l+a-w)\,[(\widehat{bg})-(\widehat{gk})-(\hat{b}-\hat{k})]}$$

$(l)\ \frac{lbg,\ lk}{lgk,\ lb}\ \ (a)\ \frac{abg,\ ak}{agk,\ ab}\ \ (-w)\ \frac{wgk,\ wb}{wbg,\ wk}\ \ (b)\ \frac{wbg,\ lb,\ ab,\ bg}{lbg,\ abg,\ wb,\ g}$

$(g)\ \frac{lgk,\ agk,\ wgk,\ bg}{lbg,\ abg,\ wbg,\ gk}\ \ (k)\ \frac{lgk,\ agk,\ wk,\ k}{wgk,\ gk,\ lk,\ ak}\ \ (h)\ \frac{lb,\ ab,\ wk,\ k}{lk,\ ak,\ wb,\ b}$

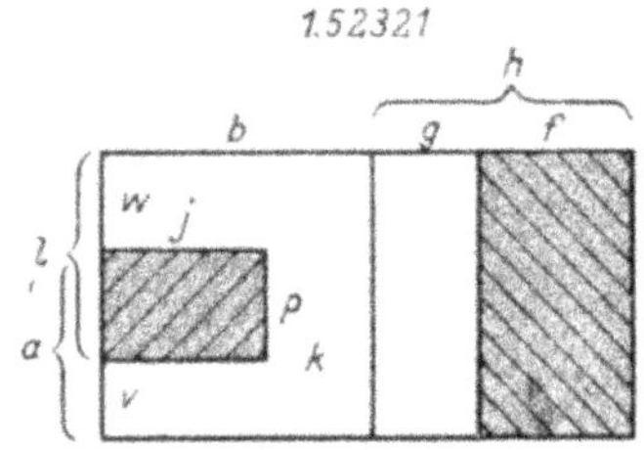

$$1/(2\pi)\ \boxed{(l+a-v-w)\,[(\widehat{vg})-(\widehat{gk})-(\hat{b}-\hat{k})]}$$

sonst wie bei **1**,52343

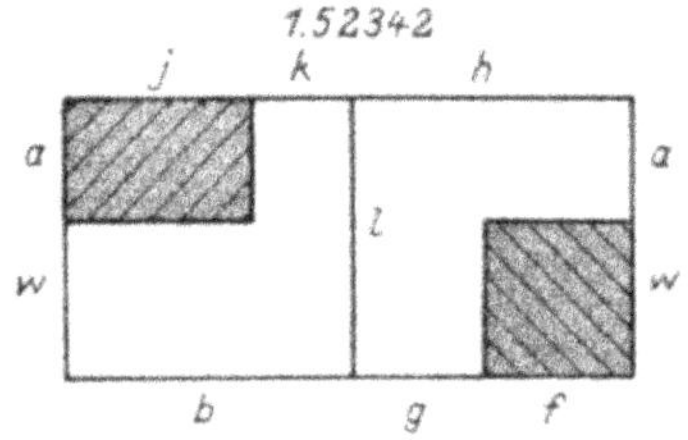

$$1/(2\pi)\ \boxed{(l-a-w)\,[(\widehat{bg})-(\widehat{gk})-\hat{b}-\hat{k}]}$$

wie **1**,5232 (jedoch $-\boldsymbol{a}$ statt $+a$)

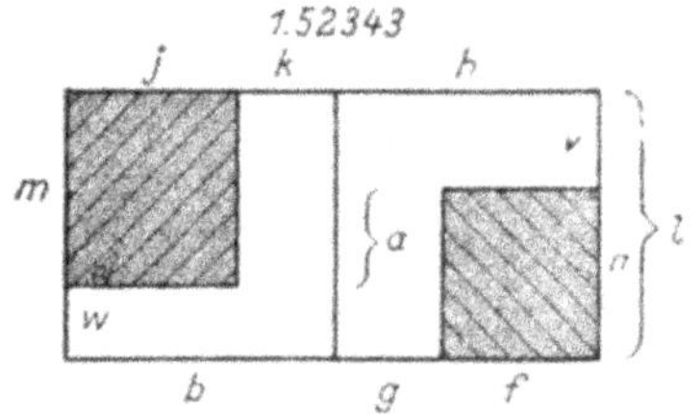

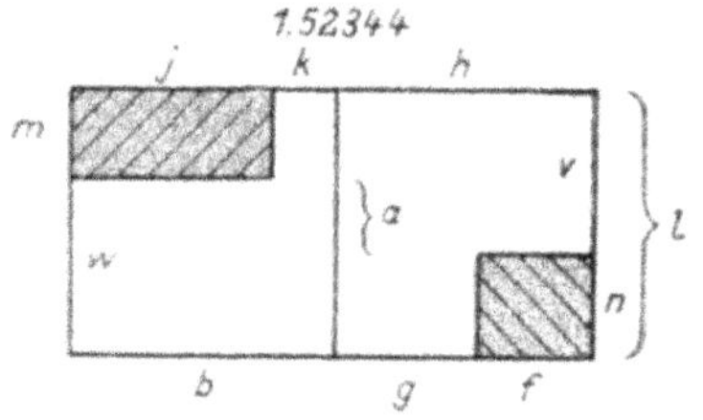

$$1/(2\pi)\ \boxed{(l+a-v-w)\,[(\widehat{bg})-(\widehat{gk})-(\hat{b}-\hat{k})]}$$

(l), (a), $(-w)$ wie bei **1**,5232 $(-v)\ \dfrac{vgk,\ vb}{vbg,\ vk}$ $(b)\ \dfrac{wbg,\ vbg,\ lb,\ ab}{lbg,\ abg,\ wb,\ vb}$

$(g)\ \dfrac{wbg,\ vbg,\ lgk,\ agk}{lbg,\ abg,\ wgk,\ vgk}$ $(k)\ \dfrac{lgk,\ agk,\ wk,\ vk}{wgk,\ vgk,\ lk,\ ak}$ $(h)\ \dfrac{lb,\ ab,\ wk,\ vk}{wb,\ vb,\ lk,\ ak}$

1.5231

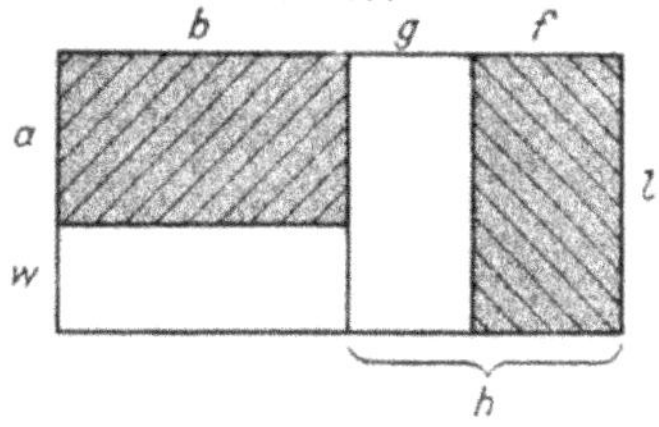

$$1/(2\pi) \left| (l + a - w)\,[(\widehat{bg}) - \hat{b} + \check{h} - \check{g}] \right|$$

$$(l)\ \frac{lbg,\ l}{lb,\ lg} \quad (a)\ \frac{abg,\ a}{ab,\ ag} \quad (-w)\ \frac{wb,\ wg}{wbg,\ w} \quad (b)\ \frac{lb,\ ab,\ wbg,\ bg}{wb,\ lbg,\ abg,\ b}$$

$$(g)\ \frac{lg,\ ag,\ wbg,\ bg}{wg,\ lbg,\ abg,\ g} \quad (h)\ \frac{lb,\ ab,\ w,\ h}{wb,\ l,\ a,\ b}$$

1.5234

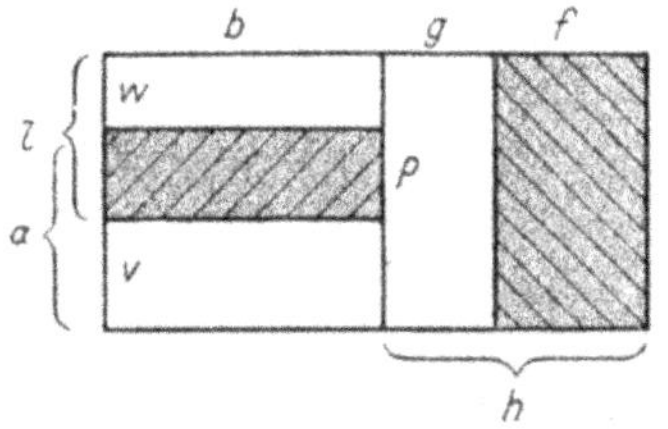

$$1/(2\pi) \left| (l + a - v - w)\,[(\widehat{bg}) - \hat{b} + \check{h} - \check{g}] \right|$$

(l), (a), $(-w)$ wie bei 1,5231 übrige Glieder sinngemäß zu formen

1,522 Strahlende Fläche als Vollwandfläche, bestrahlte Fläche als Teilfläche

1,5221 Teilfläche mit einseitigem waagrechtem und einseitig lotrechtem Wandabstand.

1,52211 Mit einseitigem waagrechtem Wandabstand

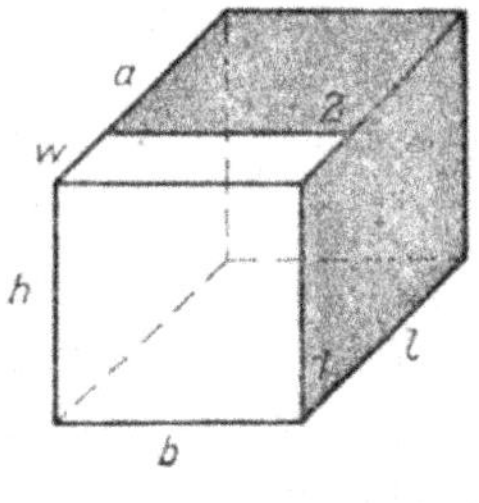

$$(29) \quad \varphi_{m_1} = \frac{1}{2\pi h l} \Big[(a - w + l)(\check{b} - \hat{b} + \check{h})$$

$$+ \frac{a^2}{4} \ln \frac{\{ab\}\,[a]}{[ab]\,\{a\}} + \frac{w^2}{4} \ln \frac{[bw]\,\{w\}}{\{bw\}\,[w]} + \frac{l^2}{4} \ln \frac{\{bl\}\,[l]}{[bl]\,\{l\}}$$

$$+ \frac{b^2}{4} \ln \frac{[bl]\,[ab]\,\{bw\}\,\{b\}}{\{bl\}\,\{ab\}\,[bw]\,[b]} + \frac{h^2}{4} \ln \frac{[bl]\,[ab]\,[w]\,\{h\}}{[bw]\,[a]\,[b]\,[l]} \Big]$$

1,52212 Mit einseitigem lotrechtem Wandabstand

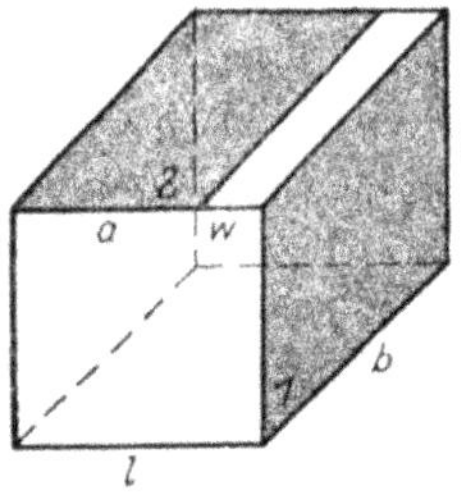

$$(27)\qquad \varphi_{m_1} = \frac{1}{\pi b h}\Big[b\{(\breve{l}-\breve{w})-(\hat{l}-\hat{w})\} + \frac{b^2}{4}\ln\frac{[b\,w]\{l\,b\}}{\{b\,w\}[l\,b]} + \frac{l^2}{4}\ln\frac{[l\,b]\{l\}}{\{l\,b\}[l]} + \frac{w^2}{4}\ln\frac{\{b\,w\}[w]}{[b\,w]\{w\}} + \frac{h^2}{4}\ln\frac{[l\,b][w]}{[l][b\,w]}\Big]$$

1,5222 Teilfläche mit zweiseitigem waagrechtem Wandabstand

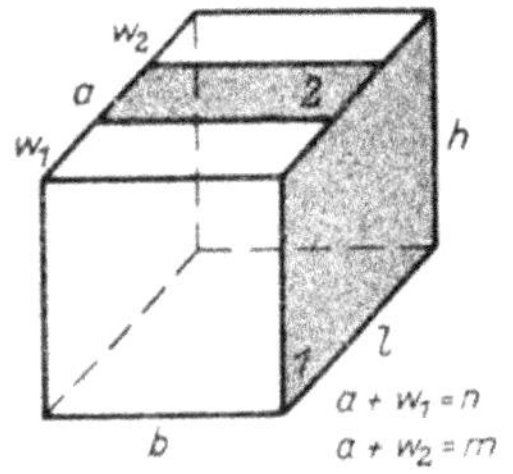

$$(44)\qquad \varphi_{m_1} = \frac{1}{2\pi h l}\Big[(m+n-w_1-w_2)(\breve{b}-\hat{b}+\breve{h}) + \frac{m^2}{4}\ln\frac{\{b\,m\}[m]}{[b\,m]\{m\}} + \frac{n^2}{4}\ln\frac{\{b\,n\}[n]}{[b\,n]\{n\}} + \frac{w_1^2}{4}\ln\frac{[b\,w_1]\{w_1\}}{\{b\,w_1\}[w_1]} + \frac{w_2^2}{4}\ln\frac{[b\,w_2]\{w_2\}}{\{b\,w_2\}[w_2]} + \frac{b^2}{4}\ln\frac{[b\,m][b\,n]\{b\,w_1\}\{b\,w_2\}}{\{b\,m\}\{b\,n\}[b\,w_1][b\,w_2]} + \frac{h^2}{4}\ln\frac{[b\,m][b\,n][w_1][w_2]}{[b\,w_1][b\,w_2][m][n]}\Big]$$

1,52221 Für den Sonderfall $w_1 = w_2$, damit auch $n = m$ (Fläche 2 in der Mitte liegend), wird

$$(44\,\mathrm{a})\qquad \varphi_{m_1} = \frac{1}{\pi h l}\Big[(m-w)(\breve{b}-\hat{b}+\breve{h}) + \frac{m^2}{4}\ln\frac{\{b\,m\}[m]}{[b\,m]\{m\}} + \frac{w^2}{4}\ln\frac{[b\,w]\{w\}}{\{b\,w\}[w]} + \frac{b^2}{4}\ln\frac{[b\,m]\{b\,w\}}{\{b\,m\}[b\,w]} + \frac{h^2}{4}\ln\frac{[b\,m][w]}{[b\,w][m]}\Big]$$

1,5223 Teilfläche mit waagrechtem und lotrechtem Wandabstand

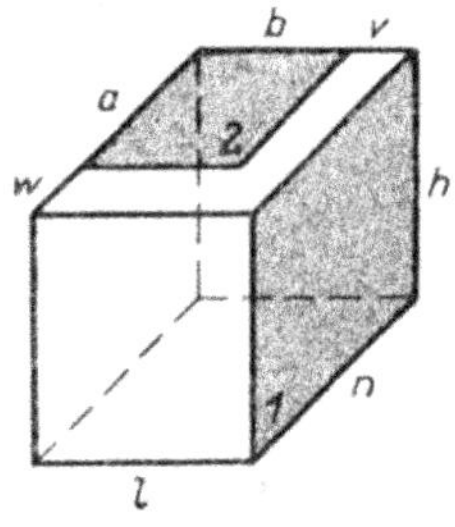

$$(30)\qquad \varphi_{m_1} = \frac{1}{2\pi h n}\Big[(a+n-w)\{(\breve{l}-\breve{v})-(\hat{l}-\hat{v})\} + \frac{a^2}{4}\ln\frac{\{a\,l\}[a\,v]}{[a\,l]\{a\,v\}} + \frac{n^2}{4}\ln\frac{\{n\,l\}[n\,v]}{[n\,l]\{n\,v\}} + \frac{w^2}{4}\ln\frac{[l\,w]\{v\,w\}}{\{l\,w\}[v\,w]} + \frac{l^2}{4}\ln\frac{[n\,l][a\,l]\{l\,w\}\{l\}}{\{n\,l\}\{a\,l\}[l\,w][l]} + \frac{v^2}{4}\ln\frac{\{n\,v\}\{a\,v\}[v\,w][v]}{[n\,v][a\,v]\{v\,w\}\{v\}} + \frac{h^2}{4}\ln\frac{[n\,l][a\,l][v\,w][v]}{[l\,w][n\,v][a\,v][l]}\Big]$$

1,5224 Teilfläche mit zweiseitigem, waagrechtem und lotrechtem Wandabstand

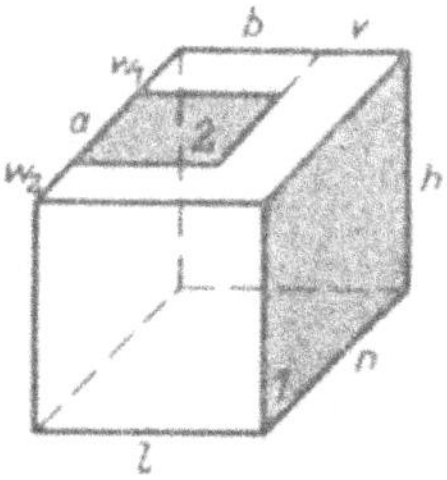

$$(45)\qquad \varphi_{m_1} = \frac{1}{2\pi h n}\Big[(m + k - w_1 - w_2)$$

$$\{(\breve{l} - \breve{v}) - (\hat{l} - \hat{v})\} + \frac{m^2}{4}\ln\frac{\{m\,l\}\,[m\,v]}{[m\,l]\,\{m\,v\}}$$

$$+ \frac{k^2}{4}\ln\frac{\{k\,l\}\,[v\,k]}{[k\,l]\,\{v\,k\}} + \frac{{w_1}^2}{4}\ln\frac{[w_1\,l]\,\{w_1\,v\}}{\{w_1\,l\}\,[w_1\,v]}$$

$$+ \frac{{w_2}^2}{4}\ln\frac{[l\,w_2]\,\{v\,w_2\}}{\{l\,w_2\}\,[v\,w_2]} + \frac{l^2}{4}\ln\frac{[m\,l]\,[k\,l]\,\{l\,w_1\}\,\{l\,w_2\}}{\{m\,l\}\,\{k\,l\}\,[l\,w_1]\,[l\,w_2]}$$

$$+ \frac{v^2}{4}\ln\frac{\{m\,v\}\,\{k\,v\}\,[v\,w_1]\,[v\,w_2]}{[m\,v]\,[k\,v]\,\{v\,w_1\}\,\{v\,w_2\}}$$

$$+ \frac{h^2}{4}\ln\frac{[m\,l]\,[k\,l]\,[v\,w_1]\,[v\,w_2]}{[m\,v]\,[k\,v]\,[w_1\,l]\,[w_2\,l]}\Big]$$

1,52241 Für den Sonderfall $w_1 = w_2$, damit $m = k$ (Fläche 2 in der Mitte liegend), wird

$$(45\,\text{a})\quad \varphi_{m_1} = \frac{1}{\pi h n}\Big[(m - w)\{(\breve{l} - \breve{v}) - (\hat{l} - \hat{v})\} + \frac{m^2}{4}\ln\frac{\{m\,l\}\,[m\,v]}{[m\,l]\,\{m\,v\}} + \frac{w^2}{4}\ln\frac{[w\,l]\,\{w\,v\}}{\{w\,l\}\,[w\,v]}$$

$$+ \frac{l^2}{4}\ln\frac{[m\,l]\,\{l\,w\}}{\{m\,l\}\,[l\,w]} + \frac{v^2}{4}\ln\frac{\{m\,v\}\,[v\,w]}{[m\,v]\,\{v\,w\}} + \frac{h^2}{4}\ln\frac{[m\,l]\,[v\,w]}{[m\,v]\,[w\,l]}\Big]$$

Weitere Sonderfälle lassen sich durch Verkürzung des Raumes auf vorstehende Grundfälle zurückführen.

1,523 Strahlende und bestrahlte Fläche als Teilflächen

1,5231 Beide Teilflächen mit einseitigem waagrechtem Wandabstand

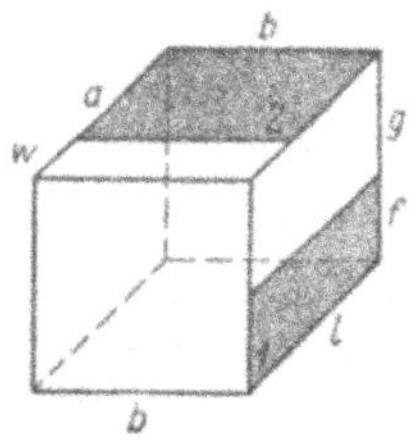

$$(46)\quad \varphi_{m_1} = \frac{1}{2\pi f l}\Big[(l + a - w)\{(b\hat{g}) - \hat{b} - \breve{g} + \breve{h}\}$$

$$+ \frac{l^2}{4}\ln\frac{\{l\,b\,g\}\,[l]}{[l\,b]\,\{l\,g\}} + \frac{a^2}{4}\ln\frac{\{a\,b\,g\}\,[a]}{[a\,b]\,\{a\,g\}}$$

$$+ \frac{w^2}{4}\ln\frac{[b\,w]\,\{w\,g\}}{\{b\,w\,g\}\,[w]} + \frac{b^2}{4}\ln\frac{[l\,b]\,[a\,b]\,\{b\,w\,g\}\,\{b\,g\}}{[b\,w]\,[b]\,\{l\,b\,g\}\,\{a\,b\,g\}}$$

$$+ \frac{g^2}{4}\ln\frac{\{l\,g\}\,\{a\,g\}\,\{b\,g\}\,\{b\,w\,g\}}{\{l\,b\,g\}\,\{a\,b\,g\}\,\{w\,g\}\,\{g\}}$$

$$+ \frac{h^2}{4}\ln\frac{[l\,b]\,[a\,b]\,[w]\,\{h\}}{[l]\,[a]\,[b]\,[b\,w]}\Big]$$

1,52311 berührender Wandabstand

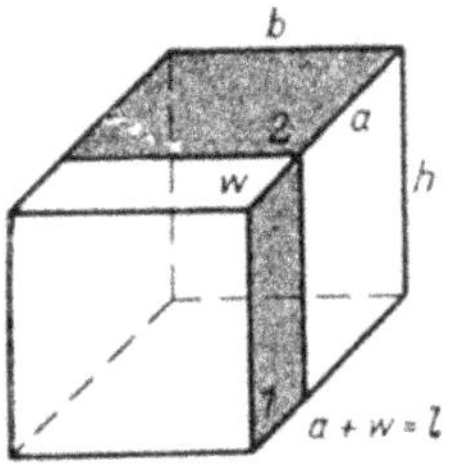

$$(28)\quad \varphi_{m_1} = \frac{1}{2\pi h w}\Bigg[(l - a - w)(\breve{b} - \hat{b} + \breve{h}) + \frac{l^2}{4}\ln\frac{\{b\,l\}\,[l]}{[b\,l]\,\{l\}} + \frac{a^2}{4}\ln\frac{[a\,b]\,\{a\}}{\{a\,b\}\,[a]} + \frac{w^2}{4}\ln\frac{[b\,w]\,\{w\}}{\{b\,w\}\,[w]} + \frac{b^2}{4}\ln\frac{[b\,l]\,\{a\,b\}\,\{b\,w\}\,[b]}{\{b\,l\}\,[a\,b]\,[b\,w]\,\{b\}} + \frac{h^2}{4}\ln\frac{[b\,l]\,[a]\,[b]\,[w]}{[a\,b]\,[b\,w]\,[l]\,\{h\}}\Bigg]$$

1,52312 überschneidender Wandabstand

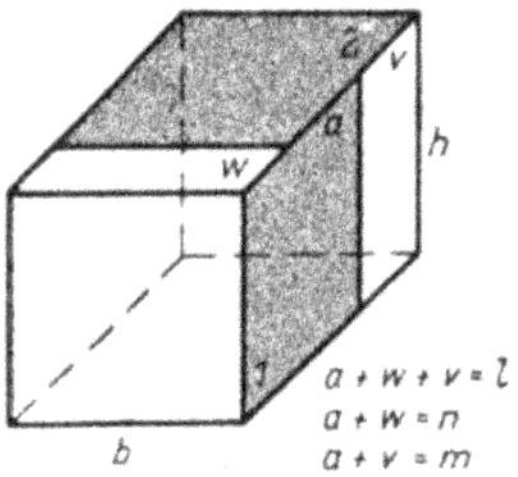

$$(47)\quad \varphi_{m_1} = \frac{1}{2\pi h n}\Bigg[(l + a - v - w)(\breve{b} - \hat{b} + \breve{h}) + \frac{l^2}{4}\ln\frac{\{b\,l\}\,[l]}{[b\,l]\,\{l\}} + \frac{a^2}{4}\ln\frac{\{a\,b\}\,[a]}{[a\,b]\,\{a\}} + \frac{v^2}{4}\ln\frac{[v\,b]\,\{v\}}{\{v\,b\}\,[v]} + \frac{w^2}{4}\ln\frac{[b\,w]\,\{w\}}{\{b\,w\}\,[w]} + \frac{b^2}{4}\ln\frac{[b\,l]\,\{b\,w\}\,[a\,b]\,\{b\,v\}}{\{b\,l\}\,[b\,w]\,\{a\,b\}\,[b\,v]} + \frac{h^2}{4}\ln\frac{[b\,l]\,[a\,b]\,[w]\,[v]}{[b\,w]\,[b\,v]\,[l]\,[a]}\Bigg]$$

1,52313 nicht berührender Wandabstand

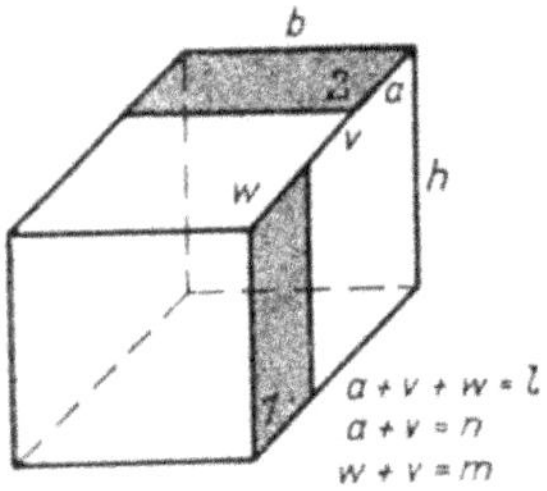

$$(48)\quad \varphi_{m_1} = \frac{1}{2\pi h w}\Bigg[(l - m - n + v)(\breve{b} - \hat{b} - \breve{h}) + \frac{l^2}{4}\ln\frac{\{b\,l\}\,[l]}{[b\,l]\,\{l\}} + \frac{m^2}{4}\ln\frac{[b\,m]\,\{m\}}{\{b\,m\}\,[m]} + \frac{n^2}{4}\ln\frac{[b\,n]\,\{n\}}{\{b\,n\}\,[n]} + \frac{v^2}{4}\ln\frac{\{b\,v\}\,[v]}{[b\,v]\,\{v\}} + \frac{b^2}{4}\ln\frac{[b\,l]\,\{b\,n\}\,[b\,v]\,\{b\,m\}}{\{b\,l\}\,[b\,n]\,\{b\,v\}\,[b\,m]} + \frac{h^2}{4}\ln\frac{[b\,l]\,[b\,v]\,[n]\,[m]}{[b\,n]\,[b\,m]\,[l]\,[v]}\Bigg]$$

1,5232 Eine Teilfläche mit einseitigem waagrechtem Wandabstand, andere Teilfläche mit waagrechtem und lotrechtem Wandabstand

$$(49)\quad \varphi_{m_1} = \frac{1}{2\pi f n}\Bigg[(n + a - w)\{(\widehat{l\,g}) - (\widehat{v\,g}) - (\hat{l} - \hat{v})\} + \frac{n^2}{4}\ln\frac{[n\,v]\,\{n\,l\,g\}}{[n\,l]\,\{n\,v\,g\}} + \frac{a^2}{4}\ln\frac{[a\,v]\,\{a\,l\,g\}}{[a\,l]\,\{a\,v\,g\}} + \frac{w^2}{4}\ln\frac{[l\,w]\,\{v\,w\,g\}}{[v\,w]\,\{l\,w\,g\}}$$

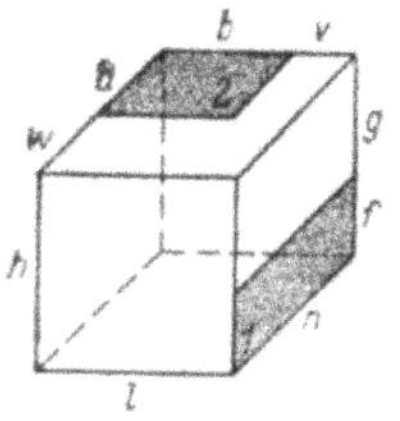

$$+\frac{l^2}{4}\ln\frac{[n\,l][a\,l]\{l\,g\}\{l\,w\,g\}}{\{n\,l\,g\}\{a\,l\,g\}[l\,w][l]}$$

$$+\frac{v^2}{4}\ln\frac{\{n\,v\,g\}\{a\,v\,g\}[v\,w][v]}{\{v\,w\,g\}\{v\,g\}[n\,v][a\,v]}$$

$$+\frac{g^2}{4}\ln\frac{\{n\,v\,g\}\{a\,v\,g\}\{l\,w\,g\}\{l\,g\}}{\{n\,l\,g\}\{a\,l\,g\}\{o\,w\,g\}\{v\,g\}}$$

$$+\frac{h^2}{4}\ln\frac{[n\,l][a\,l][v\,w][v]}{[n\,v][a\,v][l\,w][l]}\Bigg]$$

1,52321 (49a) $\varphi_{m_1}=\frac{1}{2\pi f n}\Big[(m+k-w_1-w_2)\{(\widehat{l\,g})-(\widehat{v\,g})-(\widehat{l}-\widehat{v})\}$

$$+\frac{m^2}{4}\ln\frac{[m\,v]\{m\,l\,g\}}{[m\,l]\{m\,v\,g\}}+\frac{k^2}{4}\ln\frac{[v\,k]\{k\,l\,g\}}{[k\,l]\{v\,k\,g\}}+\frac{w_1{}^2}{4}\ln\frac{[w_1\,l]\{w_1\,v\,g\}}{[w_1\,v]\{w_1\,l\,g\}}$$

$$+\frac{w_2{}^2}{4}\ln\frac{[l\,w_2]\{v\,w_2\,g\}}{[v\,w_2]\{l\,w_2\,g\}}$$

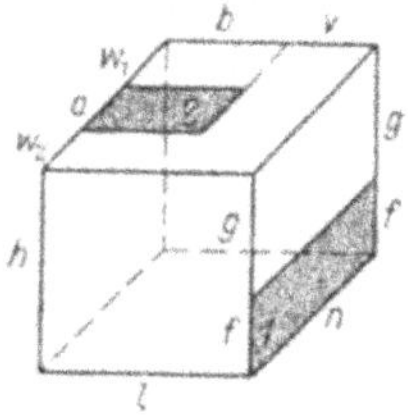

$$+\frac{l^2}{4}\ln\frac{[m\,l][k\,l]\{l\,w_1\,g\}\{l\,w_2\,g\}}{[l\,w_1][l\,w_2]\{m\,l\,g\}\{k\,l\,g\}}$$

$$+\frac{v^2}{4}\ln\frac{[v\,w_1][v\,w_2]\{m\,v\,g\}\{k\,v\,g\}}{[m\,v][k\,v]\{v\,w_1\,g\}\{v\,w_2\,g\}}$$

$$+\frac{g^2}{4}\ln\frac{\{m\,v\,g\}\{k\,v\,g\}\{l\,w_1\,g\}\{l\,w_2\,g\}}{\{m\,l\,g\}\{k\,l\,g\}\{w_1\,v\,g\}\{w_2\,v\,g\}}$$

$$+\frac{h^2}{4}\ln\frac{[m\,l][k\,l][v\,w_1][v\,w_2]}{[m\,v][k\,v][w_1\,l][w_2\,l]}\Bigg]$$

1,52322 Für den Sonderfall $w_1=w_2$, damit auch $m=k$ (Fläche 2 in der Mitte liegend), wird

(49b) $$\varphi_{m_1}=\frac{1}{\pi f n}\Big[(m-w)\{(\widehat{l\,g})-(\widehat{v\,g})-(\widehat{l}-\widehat{v})\}+\frac{m^2}{4}\ln\frac{[m\,v]\{m\,l\,g\}}{[m\,l]\{m\,v\,g\}}$$

$$+\frac{w^2}{4}\ln\frac{[w\,l]\{w\,v\,g\}}{[w\,v]\{w\,l\,g\}}+\frac{l^2}{4}\ln\frac{[m\,l]\{l\,w\,g\}}{[l\,w]\{m\,l\,g\}}+\frac{v^2}{4}\ln\frac{[v\,w]\{m\,v\,g\}}{[m\,v]\{v\,w\,g\}}+\frac{g^2}{4}\ln\frac{\{m\,v\,g\}\{l\,w\,g\}}{\{m\,l\,g\}\{w\,v\,g\}}$$

$$+\frac{h^2}{4}\ln\frac{[m\,l][v\,w]}{[m\,v][w\,l]}\Bigg]$$

1,52323 berührender Wandabstand

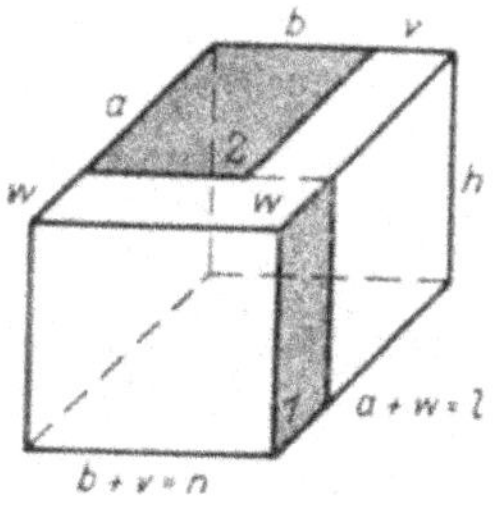

(50) $$\varphi_{m_1}=\frac{1}{2\pi h w}\Big[(l-a-w)\{(\check{n}-\check{v})-(\hat{n}-\hat{v})\}$$

$$+\frac{l^2}{4}\ln\frac{\{n\,l\}[v\,l]}{[n\,l]\{v\,l\}}+\frac{a^2}{4}\ln\frac{[a\,n]\{a\,v\}}{\{a\,n\}[a\,v]}$$

$$+\frac{w^2}{4}\ln\frac{[n\,w]\{v\,w\}}{\{n\,w\}[v\,w]}+\frac{n^2}{4}\ln\frac{[n\,l]\{a\,n\}\{n\,w\}[n]}{\{n\,l\}[a\,n][n\,w]\{n\}}$$

$$+\frac{v^2}{4}\ln\frac{[a\,v]\{l\,v\}[v\,w]\{v\}}{\{a\,v\}[l\,v]\{v\,w\}[v]}+\frac{h^2}{4}\ln\frac{[n\,l][a\,v][v\,w][n]}{[a\,n][n\,w][v\,l][v]}\Bigg]$$

1,52324 überschneidender Wandabstand

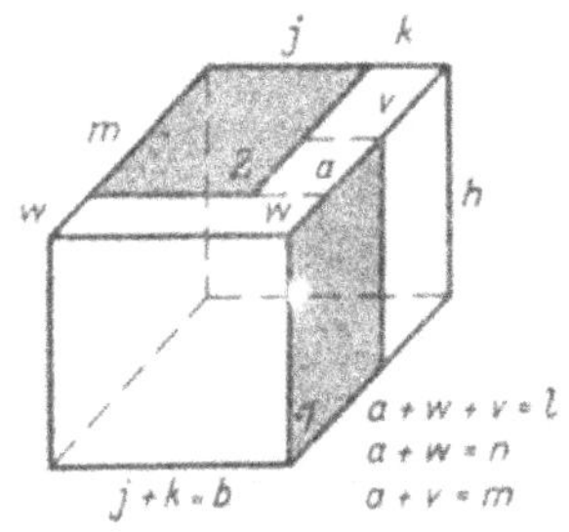

$$(51)\qquad \varphi_{m_1} = \frac{1}{2\pi h n}\Big[(l + a - v - w)$$

$$\{(\check{b} - \check{k}) - (\hat{b} - \hat{k})\} + \frac{l^2}{4}\ln\frac{\{b\,l\}\,[k\,l]}{[b\,l]\,\{k\,l\}}$$

$$+ \frac{a^2}{4}\ln\frac{\{a\,b\}\,[a\,k]}{[a\,b]\,\{a\,k\}} + \frac{v^2}{4}\ln\frac{[b\,v]\,\{k\,v\}}{\{b\,v\}\,[k\,v]}$$

$$+ \frac{w^2}{4}\ln\frac{[b\,w]\,\{k\,w\}}{\{b\,w\}\,[k\,w]} + \frac{b^2}{4}\ln\frac{[b\,l]\,\{b\,w\}\,[a\,b]\,\{b\,v\}}{\{b\,l\}\,[b\,w]\,\{a\,b\}\,[b\,v]}$$

$$+ \frac{k^2}{4}\ln\frac{\{k\,l\}\,[k\,w]\,\{a\,k\}\,[k\,v]}{[k\,l]\,\{k\,w\}\,[a\,k]\,\{k\,v\}}$$

$$+ \frac{h^2}{4}\ln\frac{[b\,l]\,[a\,b]\,[k\,w]\,[k\,v]}{[b\,w]\,[b\,v]\,[k\,l]\,[a\,k]}\Big]$$

1,52325 nicht berührender Wandabstand

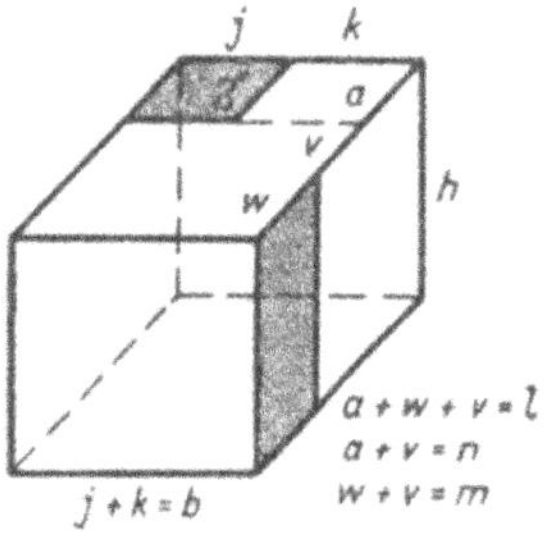

$$(52)\qquad \varphi_{m_1} = \frac{1}{2\pi h w}\Big[(l - m - n + v)$$

$$\{(\check{b} - \check{k}) - (\hat{b} - \hat{k})\} + \frac{l^2}{4}\ln\frac{\{b\,l\}\,[k\,l]}{[b\,l]\,\{k\,l\}}$$

$$+ \frac{m^2}{4}\ln\frac{[b\,m]\,\{k\,m\}}{\{b\,m\}\,[k\,m]} + \frac{n^2}{4}\ln\frac{[b\,n]\,\{k\,n\}}{\{b\,n\}\,[k\,n]}$$

$$+ \frac{v^2}{4}\ln\frac{\{b\,v\}\,[k\,v]}{[b\,v]\,\{k\,v\}} + \frac{b^2}{4}\ln\frac{[b\,l]\,\{b\,n\}\,[b\,v]\,\{b\,m\}}{\{b\,l\}\,[b\,n]\,\{b\,v\}\,[b\,m]}$$

$$+ \frac{k^2}{4}\ln\frac{\{k\,l\}\,[k\,n]\,\{k\,v\}\,[k\,m]}{[k\,l]\,\{k\,n\}\,[k\,v]\,\{k\,m\}}$$

$$+ \frac{h^2}{4}\ln\frac{[b\,l]\,[b\,v]\,[k\,n]\,[k\,m]}{[b\,n]\,[b\,m]\,[k\,l]\,[k\,v]}\Big]$$

1,5233 Beide Teilflächen mit lotrechtem Wandabstand

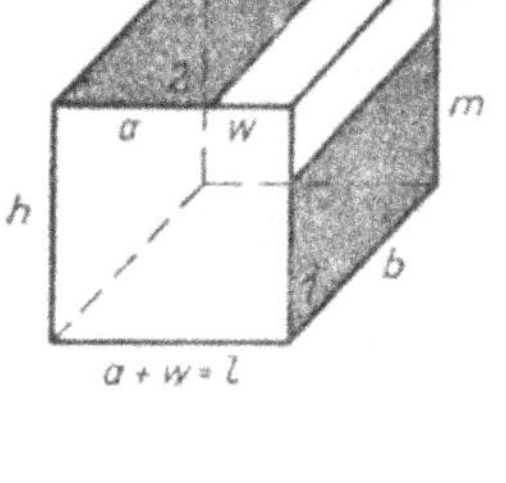

$$(53)\qquad \varphi_{m_1} = \frac{1}{\pi b m}\Big[b\,\{(\widehat{l\,n}) - (\widehat{n\,w}) - (\hat{l} - \hat{w})\}$$

$$+ \frac{b^2}{4}\ln\frac{[b\,w]\,\{b\,l\,n\}}{[b\,l]\,\{b\,n\,w\}} + \frac{n^2}{4}\ln\frac{\{l\,n\}\,[b\,n\,w]}{\{n\,w\}\,[b\,l\,n]}$$

$$+ \frac{w^2}{4}\ln\frac{\{n\,w\}\,[w]}{\{b\,n\,w\}\,[b\,w]} + \frac{l^2}{4}\ln\frac{[b\,l]\,\{l\,n\}}{\{b\,l\,n\}\,[l]}$$

$$+ \frac{h^2}{4}\ln\frac{[b\,l]\,[w]}{[b\,w]\,[l]}\Big]$$

1,5234 Beide Teilflächen mit lotrechten und waagrechten Wandabständen

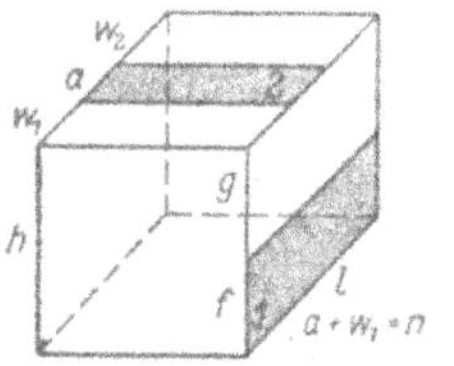

$$(54)\qquad \varphi_{m_1} = \frac{1}{2\pi f l}\Big[(m + n - w_1 - w_2)$$

$$\{(\widehat{bg}) - \hat{b} - \check{g} + \check{h}\} + \frac{m^2}{4}\ln\frac{[m]\{bmg\}}{[bm]\{mg\}}$$

$$+ \frac{n^2}{4}\ln\frac{[n]\{bng\}}{[bn]\{ng\}} + \frac{w_1^2}{4}\ln\frac{[bw_1]\{w_1 g\}}{[w_1]\{bw_1 g\}}$$

$$+ \frac{w_2^2}{4}\ln\frac{[bw_2]\{w_2 g\}}{[w_2]\{bw_2 g\}}$$

$$+ \frac{b^2}{4}\ln\frac{[bm][bn]\{bw_1 g\}\{bw_2 g\}}{[bw_1][bw_2]\{bmg\}\{bng\}}$$

$$+ \frac{g^2}{4}\ln\frac{\{bw_1 g\}\{bw_2 g\}[mg][ng]}{\{bmg\}\{bng\}[w_1 g][w_2 g]}$$

$$+ \frac{h^2}{4}\ln\frac{[bm][bn][w_1][w_2]}{[bw_1][bw_2][m][n]}\Big]$$

1,52341 Für den Sonderfall $w_1 = w_2$, damit auch $n = m$ (Fläche 2 in der Mitte liegend), wird

$$(54\,a)\qquad \varphi_{m_1} = \frac{1}{\pi f l}\Big[(m - w)\{(\widehat{bg}) - \hat{b} - \check{g} + \check{h}\} + \frac{m^2}{4}\ln\frac{[m]\{bmg\}}{[bm]\{mg\}}$$

$$+ \frac{w^2}{4}\ln\frac{[bw]\{wg\}}{[w]\{bwg\}} + \frac{b^2}{4}\ln\frac{[bm]\{bwg\}}{[bw]\{bmg\}} + \frac{g^2}{4}\ln\frac{\{bwg\}\{mg\}}{\{bmg\}\{wg\}}$$

$$+ \frac{h^2}{4}\ln\frac{[bm][w]}{[bw][m]}\Big]$$

1,52342 berührender Wandabstand

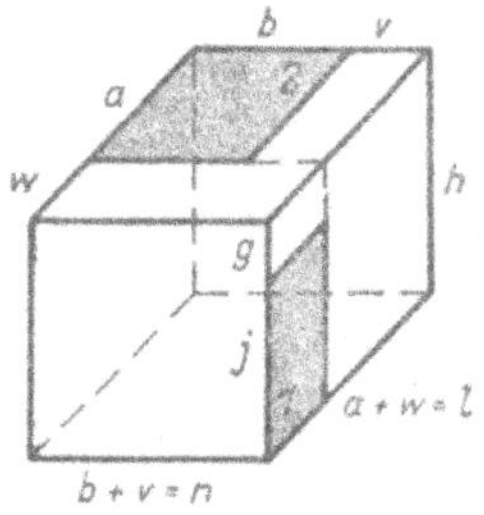

$$(55)\qquad \varphi_{m_1} = \frac{1}{2\pi j w}\Big[(l - a - w)\{(\widehat{gn}) - (\widehat{gv})$$

$$- (\hat{n} - \hat{v})\} + \frac{l^2}{4}\ln\frac{[vl]\{nlg\}}{[nl]\{vlg\}} + \frac{a^2}{4}\ln\frac{[an]\{avg\}}{[av]\{ang\}}$$

$$+ \frac{w^2}{4}\ln\frac{[nw]\{vwg\}}{[vw]\{nwg\}} + \frac{g^2}{4}\ln\frac{\{ang\}\{nwg\}\{vlg\}\{vg\}}{\{wlg\}\{avg\}\{vwg\}\{ng\}}$$

$$+ \frac{n^2}{4}\ln\frac{[nl][n]\{ang\}\{nwg\}}{[an][nw]\{nlg\}\{ng\}}$$

$$+ \frac{v^2}{4}\ln\frac{[av][vw]\{lvg\}\{vg\}}{[lv][v]\{avg\}\{vwg\}}$$

$$+ \frac{h^2}{4}\ln\frac{[ln][av][vw][n]}{[an][nw][vl][v]}\Big]$$

1,52343 überschneidender Wandabstand

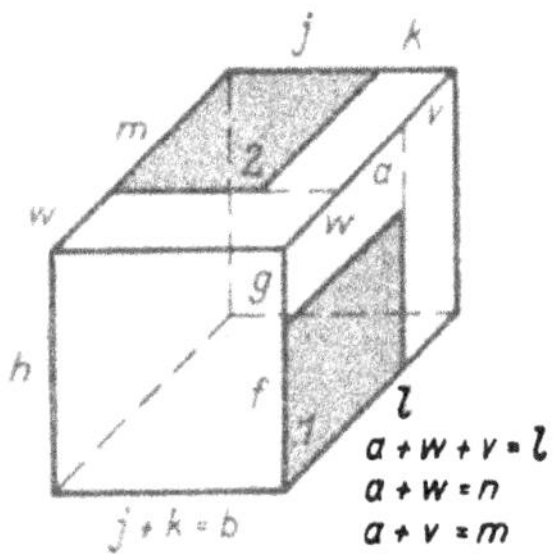

$$
\begin{aligned}
(56)\qquad \varphi_{m_1} = \frac{1}{2\pi f n}\Big[&(l-a-v-w)\{(\widehat{bg}) - (\widehat{gk}) - (\widehat{b}-\widehat{k})\} + \frac{l^2}{4}\ln\frac{[kl]\{blg\}}{[bl]\{klg\}} \\
&+ \frac{a^2}{4}\ln\frac{[ak]\{abg\}}{[ab]\{agk\}} + \frac{v^2}{4}\ln\frac{[bv]\{kvg\}}{[kv]\{bvg\}} \\
&+ \frac{w^2}{4}\ln\frac{[bw]\{kwg\}}{[kw]\{bwg\}} + \frac{b^2}{4}\ln\frac{[bl][ab]\{bvg\}\{bwg\}}{[bw][bv]\{blg\}\{abg\}} \\
&+ \frac{g^2}{4}\ln\frac{\{bwg\}\{bvg\}\{klg\}\{akg\}}{\{blg\}\{abg\}\{kwg\}\{kvg\}} \\
&+ \frac{k^2}{4}\ln\frac{[kw][kv]\{agk\}\{glk\}}{[kl][ak]\{gkw\}\{gkv\}} \\
&+ \frac{h^2}{4}\ln\frac{[bl][ab][kw][kv]}{[bw][bv][kl][ak]}\Big]
\end{aligned}
$$

1,52344 nicht berührender Wandabstand

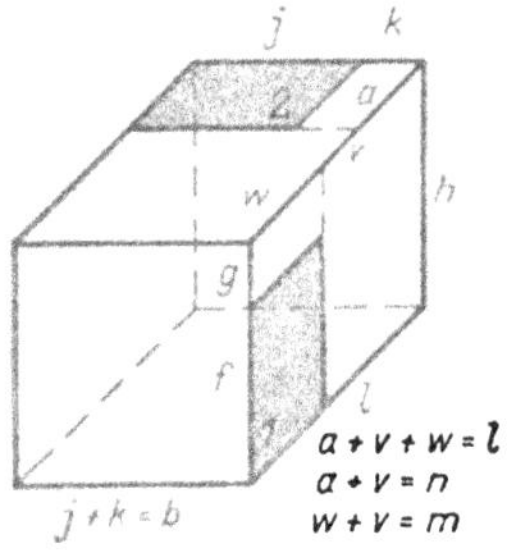

$$
\begin{aligned}
(57)\qquad \varphi_{m_1} = \frac{1}{2\pi f w}\Big[&(l-m-n+v)\{(\widehat{bg}) - (\widehat{gk}) \\
&- (\widehat{b}-\widehat{k})\} + \frac{l^2}{4}\ln\frac{[kl]\{blg\}}{[bl]\{klg\}} + \frac{m^2}{4}\ln\frac{[bm]\{kmg\}}{[km]\{bmg\}} \\
&+ \frac{n^2}{4}\ln\frac{[bn]\{kng\}}{[kn]\{bng\}} + \frac{v^2}{4}\ln\frac{[kv]\{bvg\}}{[bv]\{kvg\}} \\
&+ \frac{b^2}{4}\ln\frac{[bl][bv]\{bng\}\{bmg\}}{[bn][bm]\{blg\}\{bvg\}} \\
&+ \frac{g^2}{4}\ln\frac{\{bng\}\{bmg\}\{klg\}\{kvg\}}{\{blg\}\{bvg\}\{kng\}\{kmg\}} \\
&+ \frac{k^2}{4}\ln\frac{[kn][km]\{klg\}\{kvg\}}{[kl][kv]\{kmg\}\{kng\}} \\
&+ \frac{h^2}{4}\ln\frac{[bl][bv][kn][km]}{[bn][bm][kl][kv]}\Big]
\end{aligned}
$$

Weitere Fälle lassen sich durch Verkürzung des Raumes auf die vorstehenden Grundfälle zurückführen. Auch in gleicher Weise wie unter **1,32** gezeigt, kann verfahren werden. Die Kontrolle nach dem Bildungsgesetz ist jedoch dann zweckmäßig.

2

BERECHNUNGEN DER EINSTRAHLZAHLEN

2,1 Richtigstellung der graphischen Darstellungen und Ergebnisse der örtlichen Einstrahlzahlen von Gerbel und Kalous

Gerbel hatte in seiner im Jahre 1917 erschienenen Veröffentlichung (0,201) die Einstrahlzahlen von der Rostfläche auf die Feuerbuchswände einer Lokomotive berechnet und graphisch dargestellt (Fig. 18 u. 19 seiner Veröffentlichung). Die Form seiner Darstellung der Einstrahlverhältnisse auf die Seitenwand entspricht der Perspektive in dem folgenden Bild 10, jedoch verläuft bei ihm die Seitenkurve $xy-5-4-3-2-1-0y$ entsprechend seiner Berechnung nicht von dem Wert 0,0558 (xy) nach 0,25 ($0y$), sondern von 0,06 nach 0,50, also bis zur äußersten Spitze.

Kalous stellte diesen Kurvenverlauf im Jahre 1937 in einer wissenschaftlichen Arbeit über die Strahlungsheizung (0,202) unter besonderem Hinweis auf Gerbel in seiner Abbildung 2 richtig. Kalous ließ aber hierbei die obere Randkurve parabelförmig von 0,25 nach 0,50 in der Mitte und wieder nach 0,25 am hinteren symmetrischen Eckpunkt verlaufen.

In der vorliegenden Arbeit ergab sich nun bei den Summengesetzen (2,4), daß auch die KalOussche Darstellung nicht den wirklichen Verhältnissen entsprechen konnte. Die nachstehenden Ausführungen erbrachten hierfür die Bestätigung.

Die Einzelwerte der Strahlungszahlen ermitteln sich nach der Gleichung **1,3101**

$$(19) \qquad \varphi = \frac{1}{2\pi}\left(\operatorname{arc\,tg}\frac{b}{h} - \frac{h}{\sqrt{a^2+h^2}}\operatorname{arc\,tg}\frac{b}{\sqrt{a^2+h^2}}\right)$$

Zur Untersuchung des Kurvenverlaufs wird nun die Grenzwertbestimmung aufgegriffen. (Die Kantenlängen a, b und h werden gleich 1 gesetzt.) Wenn in der zyklometrischen Funktion $\operatorname{arc\,tg}(b/h)$ das Argument h gegen 0 konvergiert, so strebt auch bei beliebigem Wert b die Funktion dem Grenzwert

$$(58) \qquad \lim_{h\to 0} \operatorname{arc\,tg}\frac{b}{h} = +\frac{\pi}{2}$$

zu.

Der Arcustangens nähert sich also mehr und mehr einem rechten Winkel im positiven Sinne, dessen Bogenmaß $+\pi/2$ ist.
Der Subtrahend in dem Klammerausdruck wird bei $h = 0$ stets gleich 0. Der Verfolg der Gesamtkurve (19) bei kleinstem und noch so kleinstem Wert von h jedoch $h \neq 0$ und ferner $0 < b < 1$ führt zur stetigen Annäherung an den Wert 0,50. Mit $h = 0$ und $0 < b < 1$ wird immer der Zahlenwert 0,50 erreicht. Durch $0 < b < 1$ ist das Additionsgesetz der Einstrahlung auf die Gesamtfläche jeweils anzuwenden, und **nur hierdurch** ergibt sich der Wert 0,50. $h = 0$ und $b = 1$ bringen nun aber für die Funktion (19) eine **Sprungstelle**, bei deren Erreichen der Funktionswert um die Zahl 0,25 springt, d. h. **der Wert 0,50 ist für die Eckpunkte ausgeschlossen.** Für b wurde der Zahlenwert 1 vorausgesetzt. Der rechtwinklige Raum kann jedoch die beliebigen Kantenlängen a, b und h annehmen, ohne daß dies Änderungen in den gezogenen Schlüssen und ermittelten Grenzwerten bedingt. **Das folgende Bild 10 zeigt jetzt die richtige graphische Darstellung der Einstrahlverhältnisse einer Seitenwand auf die Decke.**

2,2 Die Einstrahlzahlen bei voll und teilweise beheizten Decken im rechtwinkligen Raum

Die nachfolgenden Tabellen (2,21 und 2,22) wurden von Heid und dem Verfasser bereits veröffentlicht (0,224). Die erstere Tabelle wurde ergänzt. Die Werte der zweiten Tabelle wurden zu den in dieser Abhandlung notwendigen Berechnungen benötigt. Aus diesem Grunde und der Vollständigkeit halber fand sie daher hier nochmals Aufnahme.
Die Zahlenwerte der Tabellen (2,23) waren unter vielen anderen Zahlenwertbestimmungen für die graphischen Darstellungen der Strahlungsverteilung auf die einzelnen Wandflächen und der weiteren Berechnungen der Einstrahlzahlen (2) für die praktischen Anwendungen (3) notwendig.
Durch ihre Zusammenstellung ließen sich die **Summengesetze** (2,4) erkennen.

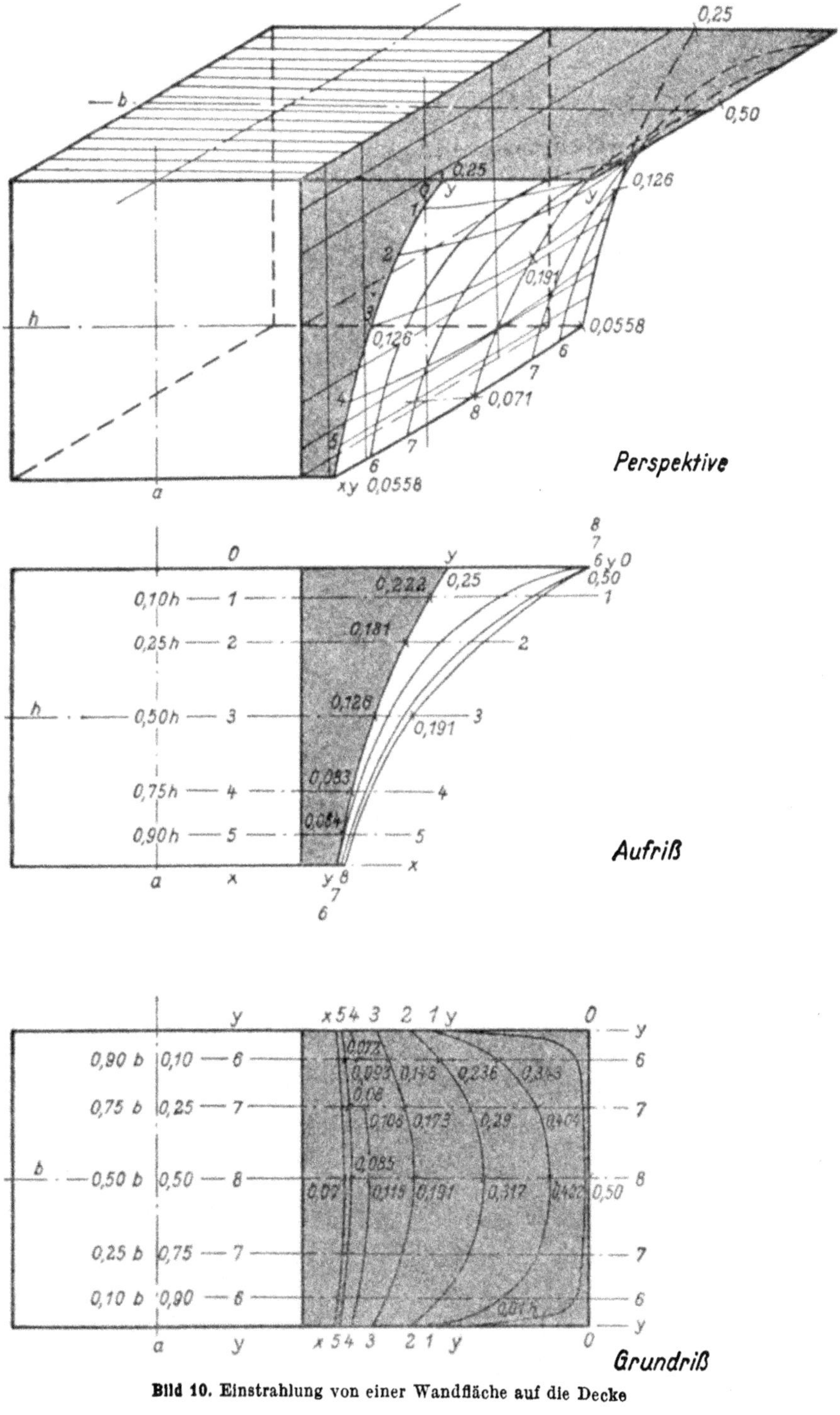

Bild 10. Einstrahlung von einer Wandfläche auf die Decke

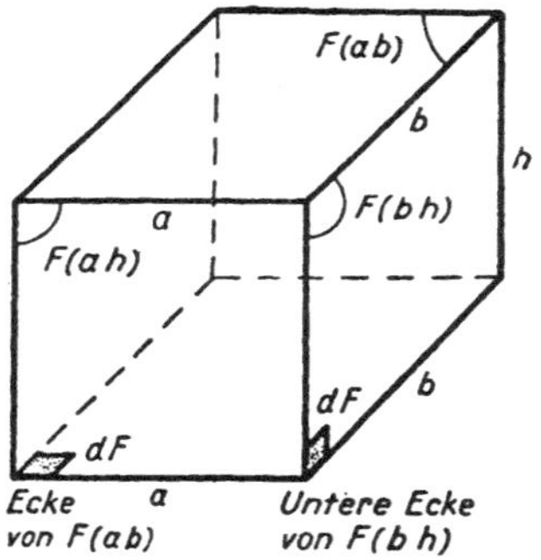

2,21 Einstrahlzahlen φ eines Flächenteilchens dF auf die Wandflächen im rechtwinkligen Raum

Raumverhältnis*)			Einstrahlzahlen φ													
			dF parallel zur Fläche $F(ab)$				dF rechtwinklig zur Fläche $F(ab)$									
Seite	Seite	Höhe	Ecke	Mitte Fläche	Mitte Kante	Mitte Kante	Mitte Fläche	Mitte Fläche	Mitte obere Kante	Obere Ecke	Untere Ecke	Untere Ecke	Mitte untere Kante	Mitte untere Kante	Mitte Kante h auf Seite	Mitte Kante h auf Seite
a	b	h	ab	ab	a	b	ah	bh	a od. b	a od. b	a	b	a	b	a	b
1	1	0,5	0,208	0,560	0,335	0,335	0,315	0,315	0,500	0,250	0,124	0,124	0,189	0,189	0,181	0,181
1	2	0,5	0,218	0,672	0,350	0,417	0,342	0,363	0,500	0,250	0,159	0,135	0,232	0,248	0,202	0,188
1	3	0,5	0,222	0,697	0,353	0,434	0,346	0,375	0,500	0,250	0,168	0,137	0,241	0,265	0,207	0,189
1	4	0,5	0,240	0,705	0,355	0,440	0,347	0,375	0,500	0,250	0,171	0,138	0,245	0,270	0,209	0,189

*) Die Zahlenwerte sind für alle Raumverhältnisse gültig, die sich durch Multiplikation oder Division mit einem gemeinschaftlichen Faktor ergeben. Die Kantenbezeichnungen a und b sind vertauschbar.

1	1	1	0,139	0,240	0,181	0,181	0,191	0,191	0,500	0,250	0,0558	0,0558	0,071	0,071	0,124	0,124
1	2	1	0,168	0,362	0,211	0,274	0,231	0,246	0,500	0,250	0,0951	0,0688	0,116	0,111	0,159	0,135
1	3	1	0,174	0,408	0,221	0,315	0,242	0,262	0,500	0,250	0,1095	0,0716	0,1[illegible]2	0,130	0,168	0,137
1	4	1	0,177	0,425	0,223	0,333	0,245	0,272	0,500	0,250	0,116	0,0737	0,138	0,137	0,172	0,138
1	1	2	0,060	0,074	0,066	0,066	0,070	0,070	0,500	0,250	0,0138	0,0138	0,015	0,015	0,0558	0,0558
1	2	2	0,091	0,132	0,097	0,120	0,115	0,111	0,500	0,250	0,0354	0,02[illegible]8	0,038	0,028	0,0951	0,0687
1	3	2	0,102	0,174	0,109	0,157	0,131	0,128	0,500	0,250	0,0504	0,0242	0,054	0,036	0,1095	0,0715
1	4	2	0,107	0,195	0,115	0,181	0,137	0,135	0,500	0,250	0,0567	0,0259	0,062	0,041	0,116	0,0726
1	1	3	0,031	0,034	0,033	0,033	0,031	0,031	0,500	0,250	0,0050	0,0050	0,0053	0,0053	0,0265	0,0265
1	2	3	0,052	0,066	0,055	0,061	0,063	0,053	0,500	0,250	0,0154	0,0084	0,016	0,0098	0,0572	0,037
1	3	3	0,064	0,090	0,066	0,086	0,080	0,067	0,500	0,250	0,0241	0,0106	0,026	0,0139	0,0725	0,0403
1	4	3	0,071	0,110	0,074	0,105	0,090	0,075	0,500	0,250	0,0323	0,0115	0,034	0,0170	0,0805	0,0412
1	1	4	0,018	0,020	0,019	0,019	0,013	0,013	0,500	0,250	0,0022	0,0022	0,0025	0,0025	0,0138	0,0138
1	2	4	0,033	0,038	0,034	0,037	0,036	0,029	0,500	0,250	0,0076	0,0044	0,0079	0,0045	0,0354	0,0208
1	3	4	0,043	0,054	0,044	0,053	0,052	0,036	0,500	0,250	0,0137	0,0053	0,0143	0,0063	0,0504	0,0242
1	4	4	0,049	0,070	0,051	0,067	0,061	0,041	0,500	0,250	0,0193	0,0065	0,0194	0,0085	0,0567	0,02[illegible]0

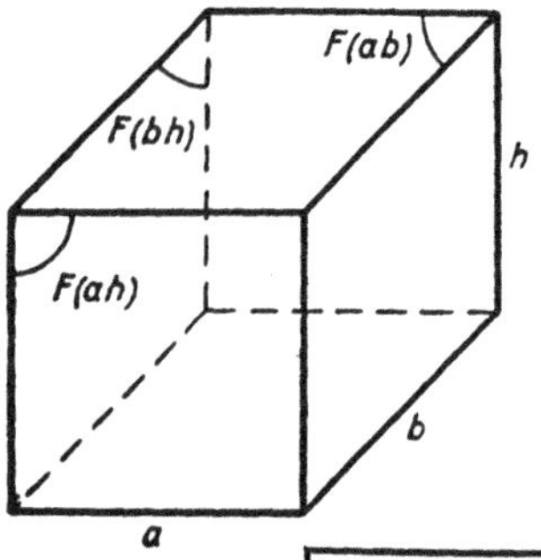

2,22 Mittlere Einstrahlzahlen φ_m einer Vollfläche F auf die übrigen Wandflächen im rechtwinkligen Raum

Raumverhältnis*)			Mittlere Einstrahlzahlen φ_m		
Seite	Seite	Seite	Parallele Fläche	Rechtwinklige Fläche	
a	b	h	ab	ah	bh
1	1	0,5	0,416	0,146	0,146
1	2	0,5	0,507	0,079	0,167
1	3	0,5	0,541	0,054	0,175
1	4	0,5	0,562	0,039	0,180
1	1	1	0,200	0,200	0,200
1	2	1	0,292	0,116	0,240
1	3	1	0,323	0,084	0,255
1	4	1	0,345	0,062	0,266
1	1	2	0,072	0,232	0,232
1	2	2	0,115	0,150	0,292
1	3	2	0,1495	0,107	0,318
1	4	2	0,1675	0,082	0,334
1	1	3	0,0306	0,242	0,242
1	2	3	0,0612	0,158	0,310
1	3	3	0,079	0,128	0,333
1	4	3	0,097	0,092	0,360
1	1	4	0,0278	0,243	0,243
1	2	4	0,0345	0,169	0,314
1	3	4	0,049	0,132	0,344
1	4	4	0,064	0,102	0,366

*) Die Zahlenwerte sind für alle Raumverhältnisse gültig, die sich durch Multiplikation oder Division mit einem gemeinschaftlichen Faktor ergeben. Die Kantenbezeichnungen a und b sind vertauschbar.

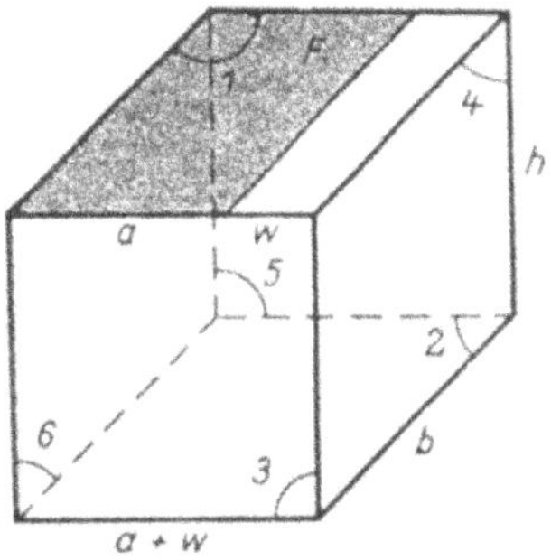

2,23 Mittlere Einstrahlzahlen φ_m einer Teilfläche F auf die übrigen Wandflächen im rechtwinkligen Raum

Kubischer Raum $a + w = b = h = 1$

a	1	0,75	0,50	0,25
w	0	0,25	0,50	0,75
$a + w$	1	1	1	1
1 auf 2	0,200	0,200	0,200	0,184
1 auf 3	0,200	0,206	0,200	0,181
1 auf 4	0,200	0,145	0, 08	0,076
1 auf 5	0,200	0,206	0,200	0,181
1 auf 6	0,200	0,240	0,292	0,366
Σ	1,00	1,00	1,00	1,00

a	1	0,75	0,50	0,25
w	0	0,25	0,50	0,75
$a + w$	1	1	1	1
2 auf 1	0,200	0,150	0,100	0,046
3 auf 1	0,200	0,155	0,100	0,045
4 auf 1	0 200	0,109	0,054	0,0 9
5 auf 1	0,200	0,155	0,100	0,045
6 auf 1	0,200	0,181	0,146	0,0915
Σ	1,00	0,75	0,50	0,25

Prismatischer Raum $a + w = 0{,}75;\ b = h = 1$

a	0,75	0,50	0,25
w	0	0,25	0,50
$a + w$	0,75	0,75	0,75
1 auf 2	0,159	0,196	0,106
1 auf 3	0,180	0,170	0,195
1 auf 4	0 240	0,192	0,168
1 auf 5	0,180	0,170	0,195
1 auf 6	0,240	0,292	0,366
Σ	1,00	1,00	1,00

a	0,75	0,50	0,25
w	0	0,25	0,50
$a + w$	0,75	0,75	0,75
2 auf 1	0,159	0,131	0,035
3 auf 1	0,180	0,113	0,065
4 auf 1	0,180	0,096	0,042
5 auf 1	0,180	0,113	0 065
6 auf 1	0,180	0.146	0,091
Σ	0,88	0,59	0,29

$a + w = 0{,}5; \quad b = h = 1$

a	0,50	0,25
w	0	0,25
$a + w$	0,50	0,50
1 auf 2	0,115	0,115
1 auf 3	0,150	0,150
1 auf 4	0,292	0,216
1 auf 5	0,150	0,150
1 auf 6	0,292	0,366
Σ	1,00	1,00

a	0,50	0,25
w	0	0,25
$a + w$	0,50	0,50
2 auf 1	0,115	0,058
3 auf 1	0,150	0,075
4 auf 1	0,146	0,054
5 auf 1	0,150	0,075
6 auf 1	0,146	0,091
Σ	0,71	0,35

$a + w = 0{,}5; \quad b = 1; \quad h = 0{,}75$

a	0,50	0,2
w	0	0,25
$a + w$	0,50	0,50
1 auf 2	0,180	0,180
1 auf 3	0,137	0,148
1 auf 4	0,275	0,168
1 auf 5	0,137	0,148
1 auf 6	0,275	0,357
Σ	1,00	1,00

a	0,50	0,25
w	0	0,25
$a + w$	0,50	0,50
2 auf 1	0,180	0,090
3 auf 1	0,182	0,0995
4 auf 1	0,183	0,056
5 auf 1	0,182	0,0995
6 auf 1	0,183	0,119
Σ	0,91	0,46

$a + w = 0{,}5; \quad b = 1; \quad h = 0{,}5$

a	0,50	0,25
w	0	0,25
$a + w$	0,50	0, 0
1 auf 2	0,292	0,292
1 auf 3	0,116	0,116
1 auf 4	0,241	0,147
1 auf 5	0,116	0,116
1 auf 6	0,241	0,334
Σ	1,00	1,00

a	0,50	0,25
w	0	0,25
$a + w$	0,50	0,50
2 auf 1	0,292	0,146
3 auf 1	0,233	0,116
4 auf 1	0,241	0,073
5 auf 1	0,233	0,116
6 auf 1	0,241	0,167
Σ	1,25	0,62

$a + w = 0{,}5; \quad b + v = 0{,}75; \quad b = 0{,}5; \quad v = 0{,}25; \quad h = 1$

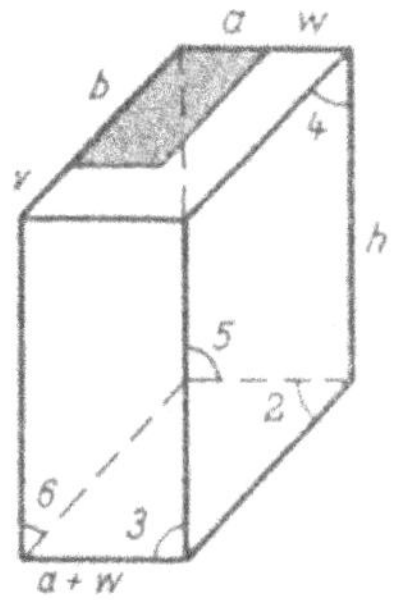

a	0,25
w	0,25
$a + w$	0,50
1 auf 2	0,0969
1 auf 3	0,1194
1 auf 4	0,1944
1 auf 5	0,2348
1 auf 6	0,300
Σ	1,00

a	0,25
w	0,25
$a + w$	0,50
2 auf 1	0,0323
3 auf 1	0,030
4 auf 1	0,0324
5 auf 1	0,0588
6 auf 1	0,060
Σ	0,21

$a = 0{,}25,\ 0{,}5,\ 0{,}75; \quad b = h = 1$

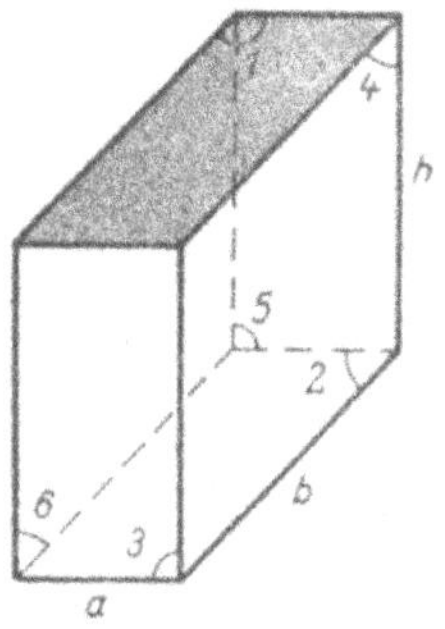

a	0,25	0,50	0,75
1 auf 2	0,064	0,115	0,159
1 auf 3	0,102	0,150	0,180
1 auf 4	0,366	0,292	0,240
1 auf 5	0,102	0,150	0,180
1 auf 6	0,366	0,292	0,240
Σ	1,00	1,00	1,00

2,3 Graphische Darstellungen der örtlichen Einstrahlzahlen

Die folgenden Bilder 11 bis 19 zeigen die Verteilung der Einstrahlung auf die Raumwände eines deckenbeheizten oder gekühlten Wohnraumes mit den Raumabmessungen a – Länge, b – Breite und h – Höhe, wobei a, b und $h = 1$ oder ein Vielfaches hiervon sind. Im Bild 11 ist die Strahlungsverteilung bei einer vollbeheizten oder gekühlten Decke auf die einzelnen Wandflächen und den Fußboden aufgenommen. Auf Grund der Untersuchungen unter (2,1) konnte die Darstellung erstmalig in der richtigen Form gebracht werden. Die weiteren Darstellungen in den Bildern 12 bis 19 für teilweise beheizte oder gekühlte Deckenflächen waren bisher nicht bekannt. Selbstverständlich fanden die Erkenntnisse aus (2,1) hier sofort ihre Berücksichtigung. Die zeichnerische Darstellung der Einstrahlzahlen bedarf nun noch eines allgemeinen Hinweises.

Bei zwei im Strahlungsaustausch befindlichen Flächen geht die erstmalige Strahlung von der höher temperierten Fläche auf die Fläche mit der niedrigen Temperatur über. Dementsprechend ist die örtliche Einstrahlung von einem Flächenteilchen der höher temperierten Fläche auf die andere Fläche zu ermitteln und deren Zahlenwert an dem Ort der ausgehenden Strahlung in dem zeichnerischen Bild festzuhalten. Damit wären die Einstrahlzahlen von der beheizten Decke auf die Seitenwände und dem Fußboden additiv auf der Deckenfläche aufzutragen. Diese Darstellung, die mit den Bildern 20 und 21 unter (2,43) für die Summengesetze gewählt wurde, ist aber als visuelles Projektionsbild für das Erkennen der Strahlungsverteilung bei der Deckenheizung auf die einzelnen Wandflächen nicht klar genug. Zweckmäßiger ist daher die inverse Auftragung der Zahlenwerte, d. h. also auf der bestrahlten Fläche. Der zahlenmäßige Wert der Einstrahlung stimmt dann mit der gekühlten Deckenfläche überein. Aus der inversen Auftragung mit den örtlichen Einstrahlzahlen kann die mittlere Einstrahlzahl der Wandfläche auf die Deckenfläche bestimmt werden. Es wurden deshalb die Unterschriften der Bilder 11 bis 19 als für die gekühlten bzw beheizten Deckenflächen geltend, versehen.

Bei gleich großen, symmetrisch angeordneten Strahlungsflächen gemäß Bild 11 entspricht die zeichnerische Darstellung auf der strahlenden Fläche auch der der angestrahlten Fläche.

2,31 Bestimmung der Wandtemperaturen mittels der Einstrahlzahlen

Die unterschiedliche Stärke der Einstrahlung auf die Wandflächen muß sich auch auf die Temperaturverteilung der Wand auswirken. Demnach sind die Bilder 11 bis 19 gleichzeitig die Charakteristiken für den Verlauf der Oberflächentemperaturen.

Die Bestimmung der Wandtemperaturen mittels der Einstrahlzahlen erfolgt nun an einer Innenwand (Bild 11), die an einen auf gleicher Höhe beheizten Raum angrenzt.

Die Innenwand wird von der beheizten Decke erwärmt.

Die Innenwand erhält durch Strahlung von der Decke, die Wärmemenge $q_D = \alpha_{\mathrm{Str}\,D} \cdot \varphi_D \cdot (t_D - t_{IW})$ kcal/m²h. Die Innenwand gibt die Wärmemenge $q_{IW} = \alpha_{\mathrm{ges}} \cdot (t_{IW} - t_L)$ kcal/m²h ab. Aus der Gleichsetzung beider Gleichungen (Wärmebilanz im Beharrungszustand) erhält man die Beziehung

$$t_{IW} = \frac{\frac{\alpha_{\mathrm{Str}}}{\alpha_{\mathrm{ges}}}\varphi t_D + t_L}{1 + \frac{\alpha_{\mathrm{Str}}}{\alpha_{\mathrm{ges}}}\varphi} \ {}^\circ\mathrm{C}$$

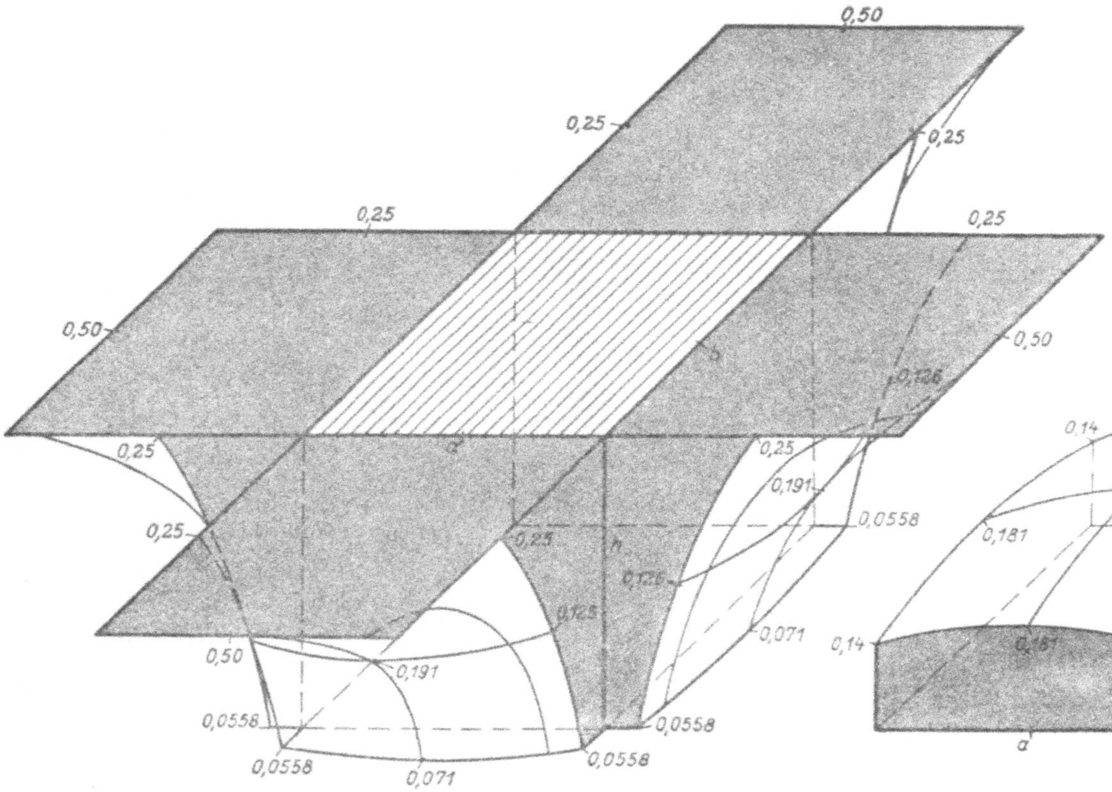

Einstrahlung von den Wänden bzw. auf die Wände

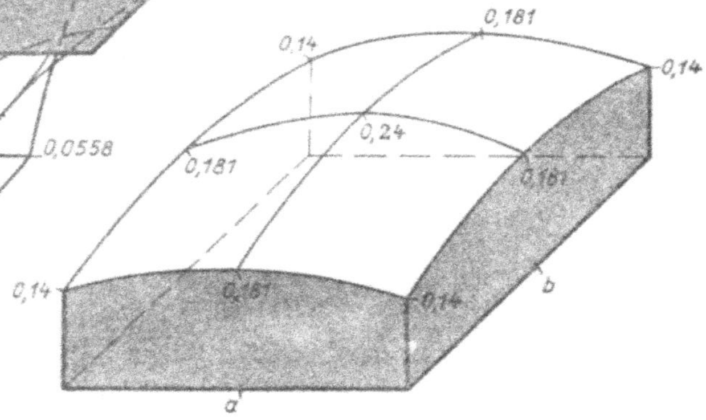

Einstrahlung von dem Fußboden bzw. auf den Fußboden

Bild 11. Strahlungsverteilung auf die einzelnen Wandflächen und den Fußboden bei voll gekühlter bzw. beheizter Derke in einem würfelförmigen Raum

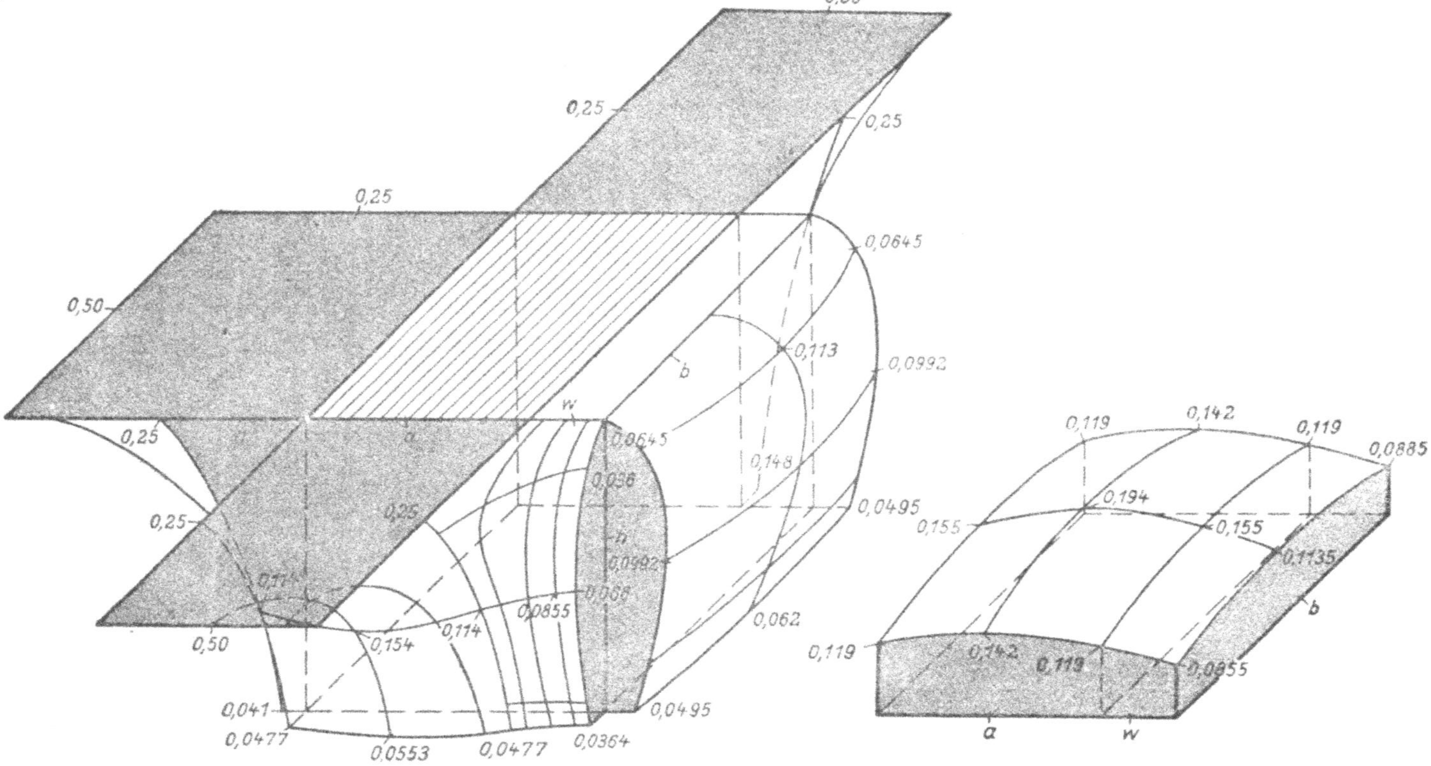

Einstrahlung von den Wänden bzw. auf die Wände

Einstrahlung von dem Fußboden bzw. auf den Fußboden

Bild 12. Strahlungsverteilung auf die einzelnen Wandflächen und den Fußboden bei $^3/_4$ gekühlter bzw. beheizter Decke in einem würfelförmigen Raum

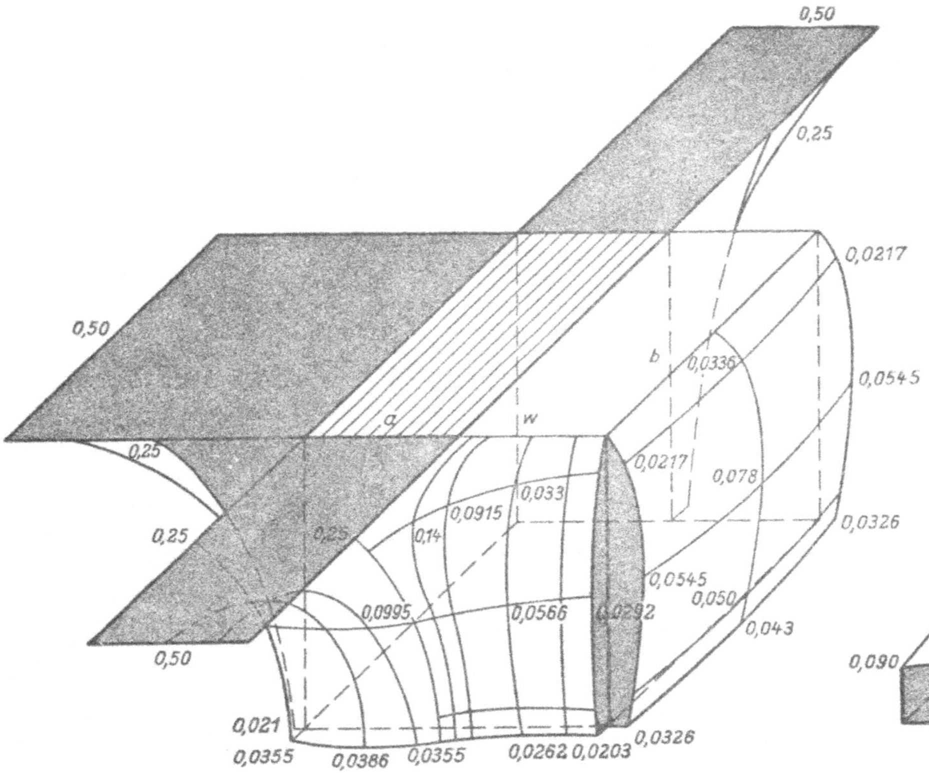

Einstrahlung von den Wänden bzw. auf die Wände

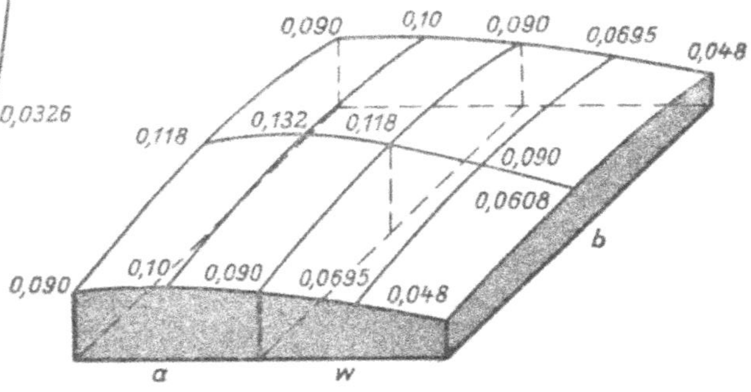

Einstrahlung von dem Fußboden bzw. auf den Fußboden

Bild 13. Strahlungsverteilung auf die einzelnen Wandflächen und den **Fußboden bei ½ gekühlter bzw. beheizter Decke in einem würfelförmigen Raum**

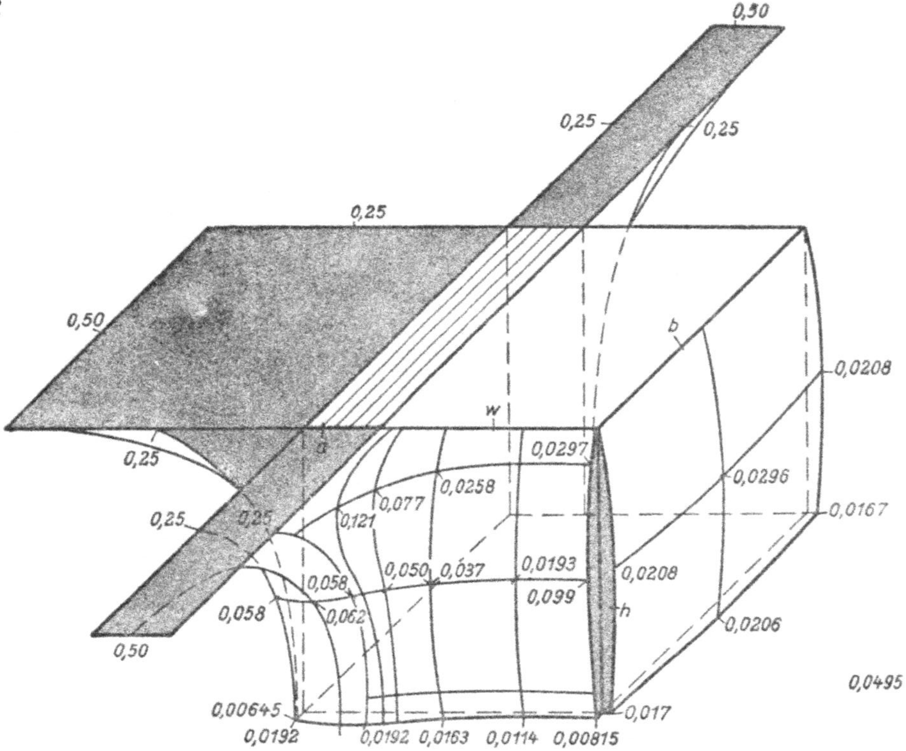

Einstrahlung von den Wänden bzw. auf die Wände

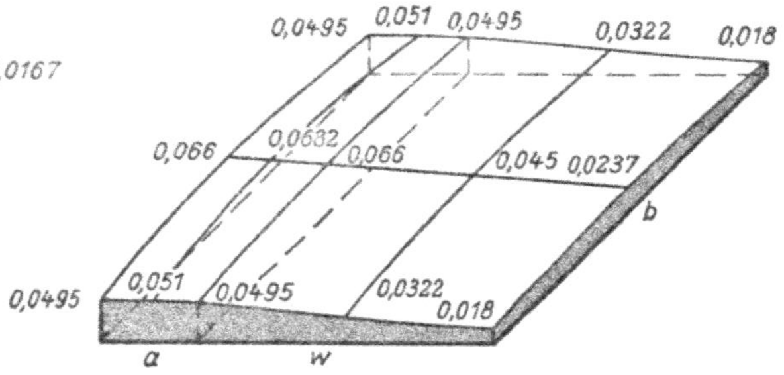

Einstrahlung von dem Fußboden bzw. auf den Fußboden

Bild 14. Strahlungsverteilung auf die einzelnen Wandflächen und den Fußboden bei ¼ gekühlter bzw. beheizter Decke in einem würfelförmigen Raum

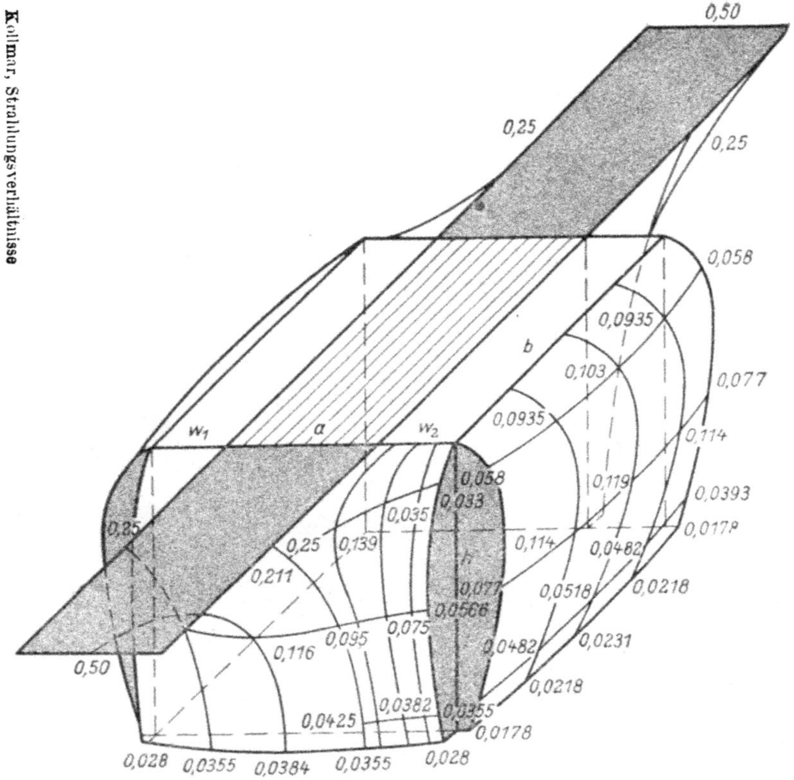

Einstrahlung von den Wänden bzw. auf die Wände

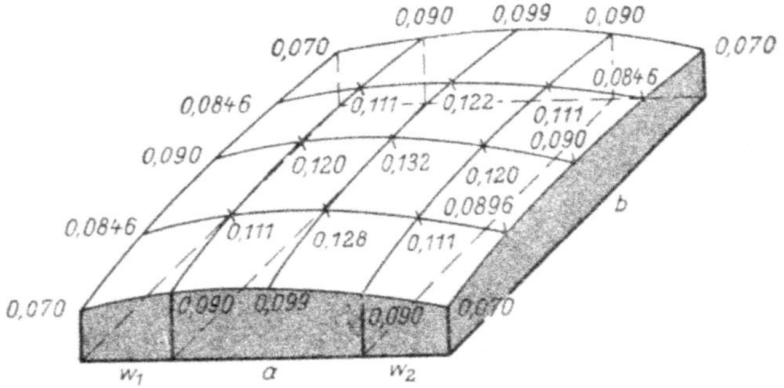

Einstrahlung von dem Fußboden bzw. auf den Fußboden

Bild 15. Strahlungsverteilung auf die einzelnen Wandflächen und den Fußboden bei in der Mitte hälftig gekühlter bzw. beheizter Decke in einem würfelförmigen Raum

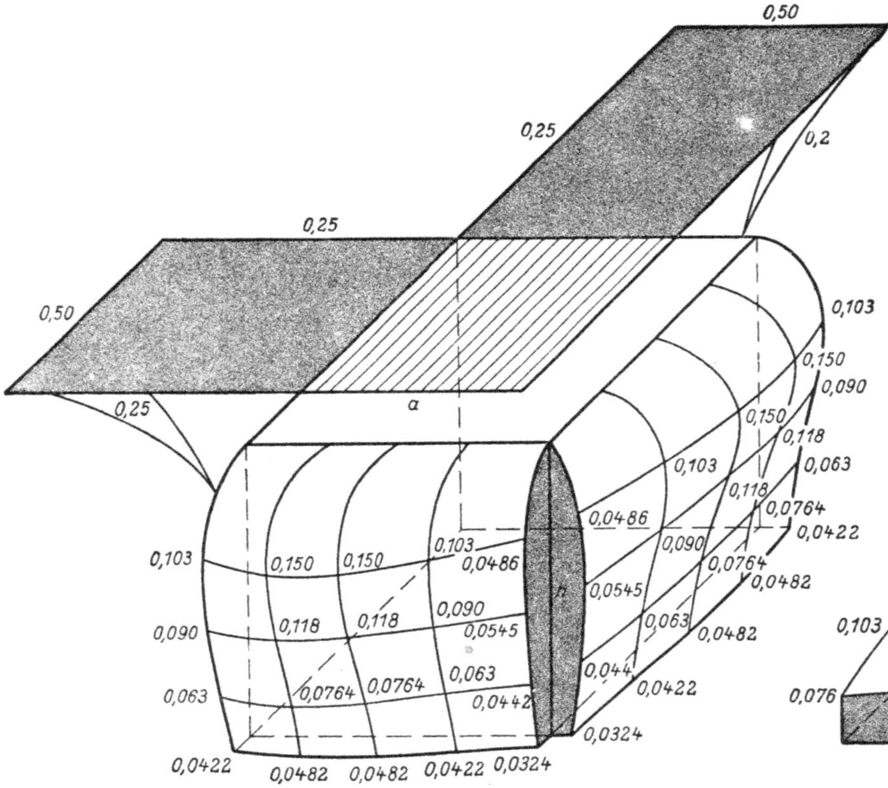

Einstrahlung von den Wänden bzw. auf die Wände

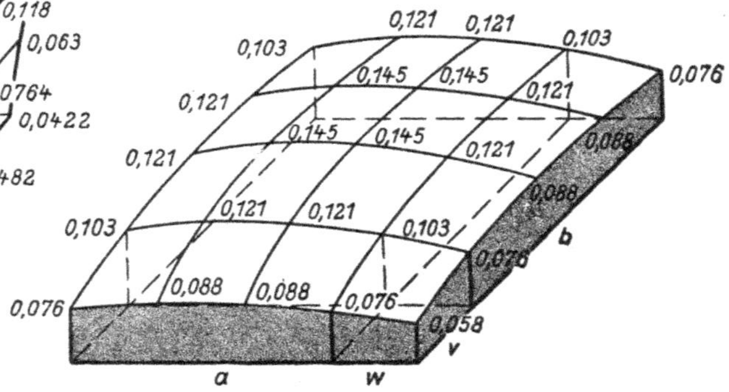

Einstrahlung von dem Fußboden bzw. auf den Fußboden

Bild 16. Strahlungsverteilung auf die einzelnen Wandflächen und den Fußboden bei gekühlter bzw. beheizter Decke mit vorderem und seitlichem Wandabstand (¼ Länge und ¼ Breite) in einem würfelförmigen Raum

5*

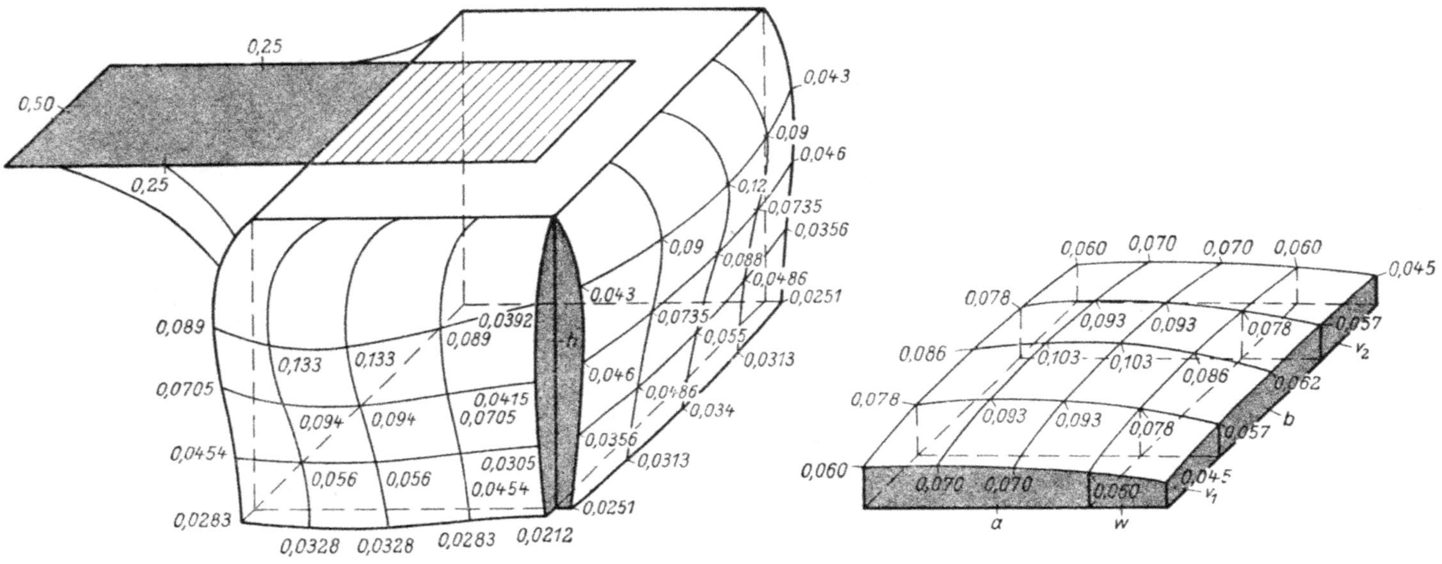

Einstrahlung von den Wänden bzw. auf die Wände

Einstrahlung von dem Fußboden bzw. auf den Fußboden

Bild 17. Strahlungsverteilung auf die einzelnen Wandflächen und den Fußboden bei gekühlter bzw. beheizter Decke mit dreiseitigem Wandabstand (¼ Länge und ¼ Breite) in einem würfelförmigen Raum

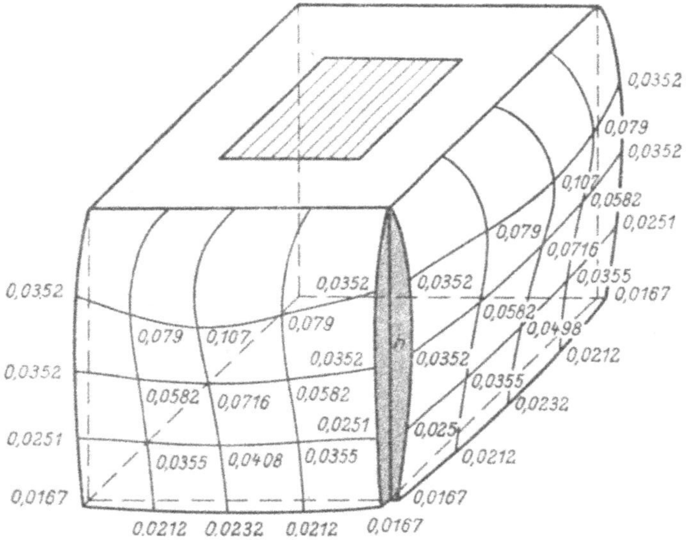

Einstrahlung von den Wänden bzw. auf die Wände

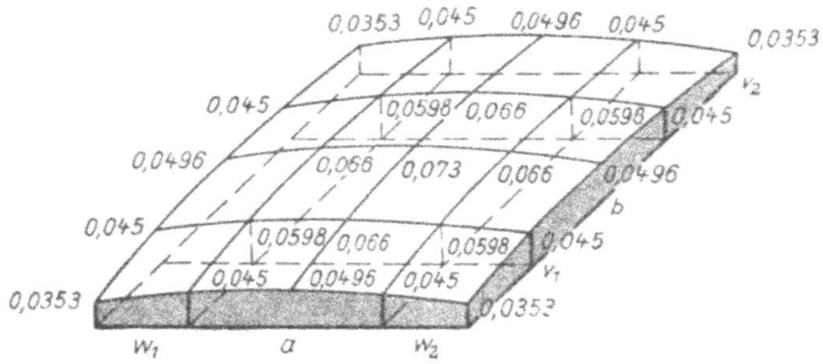

Einstrahlung von dem Fußboden bzw. auf den Fußboden

Bild 18. Strahlungsverteilung auf die einzelnen Wandflächen und den Fußboden bei gekühlter bzw. beheizter Decke mit allseitigem Wandabstand (¼ Länge und ¼ Breite) in einem würfelförmigen Raum

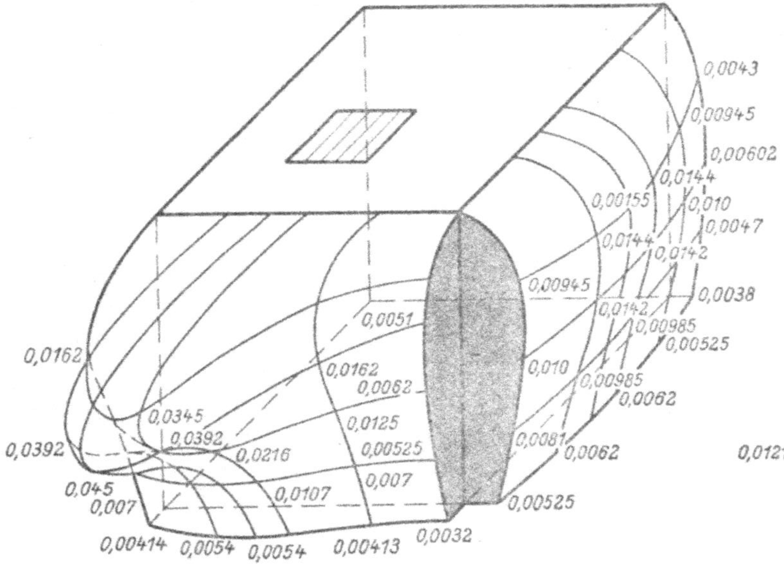

Einstrahlung von den Wänden bzw. auf die Wände

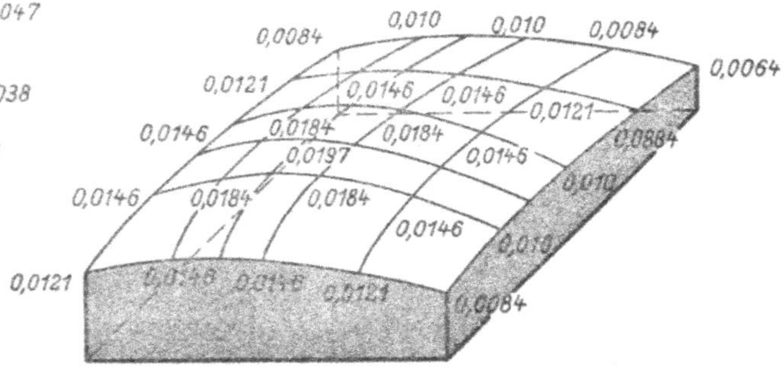

Einstrahlung von dem Fußboden bzw. auf den Fußboden

Bild 19. Strahlungsverteilung auf die einzelnen Wandflächen und den Fußboden bei gekühlter bzw. beheizter Decke mit allseitigem verschieden großem Wandabstand (¼ und ½ Länge, ¼ und ½ Breite) in einem würfelförmigen Raum
(Die Zahlenwerte sind gegenüber den Bildern 11 bis 18 in 10-facher Vergrößerung aufgezeichnet)

Die Einstrahlzahlen sind in Bild 11 enthalten. Die Raumlufttemperatur (t_L) sei 18° C, die mittlere Deckentemperatur sei 45 bzw. 50° C. Die Wärmeübergangszahl durch Strahlung ($\alpha_{Str\,D}$) beträgt bei der Decke 4,7 kcal/m² h° C, und die der Innenwand ist $\alpha_{ges} = \alpha_{Str} + \alpha_{Konv} = 4{,}1 + 2{,}9 = 7{,}0$ kcal/m² h° C. (Um die α_{Str}-Werte zu erhalten, ist die Gleichung (13) anzuwenden. In erster Rechnung wird die Wandtemperatur geschätzt. Wenn das Ergebnis zu sehr von der Annahme abweicht, ist eine nochmalige Durchrechnung auszuführen.) Es ergeben sich rechnerisch folgende Zahlenwerte (für Bild 11)

Mitte obere Kante	$\varphi = 0{,}50$,	$t_{IW} = 24{,}8$ bzw. 26,0° C,
Mitte Fläche ($b\,h$)	$\varphi = 0{,}191$,	$t_{IW} = 21{,}0$ bzw. 21,8° C,
Mitte untere Kante	$\varphi = 0{,}071$,	$t_{IW} = 19{,}2$ bzw. 19,5° C,
Mitte Seitenkante (h)	$\varphi = 0{,}126$,	$t_{IW} = 20{,}0$ bzw. 20,5° C,
Eckpunkt unten	$\varphi = 0{,}0558$,	$t_{IW} = 19{,}0$ bzw. 19,2° C.

Die mittlere Wandtemperatur ergibt sich an Hand der mittleren Einstrahlzahl

$$\varphi_m = 0{,}2 \quad \text{zu} \quad t_{IW_m} = 21{,}1 \quad \text{bzw.} \quad 21{,}8^\circ\,\text{C}.$$

Die Innenwand wird von der beheizten Decke und dem beheizten Fußboden erwärmt.

Die Gleichungen für den Wärmeaustausch lauten

$$q_1 = \alpha_{Str_D} \cdot \varphi_D \cdot (t_D - t_{IW}) \text{ kcal/m}^2\,\text{h}$$

$$q_2 = \alpha_{Str_{FB}} \cdot \varphi_{FB} \cdot (t_{FB} - t_{IW}) \text{ kcal/m}^2\,\text{h}$$

$$q_3 = \alpha_{ges} (t_{IW} - t_L) \text{ kcal/m}^2\,\text{h}$$

Aus dem Ansatz $q_1 + q_2 = q_3$ ergibt sich die Wandtemperatur zu

$$t_{IW} = \frac{\alpha_{Str_D} \varphi_D t_D + \alpha_{Str_{FB}} \varphi_{FB} t_{FB} + \alpha_{ges} t_L}{\alpha_{Str_D} \varphi_D + \alpha_{Str_{FB}} \varphi_{FB} + \alpha_{ges}} \,^\circ\text{C}$$

Damit erhält man jetzt die nachstehenden Zahlenwerte ($t_D = 45$ bzw. 50° C $t_{FB} = 26$° C)

Mitte obere Kante	$\varphi_D = 0{,}5$,	$\varphi_{FB} = 0{,}071$,	$t_{IW} = 25$ bzw. 26,1° C,
Mitte Fläche ($b\,h$)	$\varphi_D = 0{,}191$,	$\varphi_{FB} = 0{,}191$,	$t_{IW} = 21{,}6$ bzw. 22,1° C,
Mitte untere Kante	$\varphi_D = 0{,}071$,	$\varphi_{FB} = 0{,}5$,	$t_{IW} = 0{,}8$ bzw. 21,0° C,

M tte Seitenkante (h) $\varphi_D = 0{,}126$, $\varphi_{FB} = 0{,}126$, $t_{IW} = 20{,}5$ bzw. $21{,}0^\circ$ C,

Eckpunkt unten $\varphi_D = 0{,}0558$, $\varphi_{FB} = 0{,}25$, $t_{IW} = 19{,}9$ bzw. $20{,}1^\circ$ C.

Die mittlere Wandtemperatur wird mit $\varphi_{m_D} = \varphi_{m_{FB}} = 0{,}2$

$$t_{IW_m} = 21{,}7 \quad \text{bzw.} \quad 22{,}3^\circ \text{C}.$$

Die zusätzliche Beheizung des Fußbodens erhöht demnach die mittlere Oberflächentemperatur der Innenwand und vermindert das Temperaturgefälle über der Innenwand.

2,4 Die Summengesetze der Einstrahlung im rechtwinkligen Raum

Im Verlauf der Berechnungen der Einstrahlzahlen ließen sich einige wichtige Gesetze, die für die gegenseitige Einstrahlung von Flächen gelten, a priori et a posteriori erkennen. In den nachfolgenden Ausführungen fanden diese allgemein gültigen Gesetze ihre Formulierung. In der bisherigen Literatur war nur der Satz 1 unter (2,42) bei v. d. Held (0,216) festzustellen.

2,41 Einzelsätze der gegenseitigen Einstrahlung von Wandflächen

1. Beim Strahlungsaustausch zweier paralleler auf gleichen Kanten liegender Flächen, von denen die eine Fläche halb so groß ist als die andere, und zwar in der Mitte halbiert, ist die Einstrahlzahl von der kleineren Fläche auf die größere ebenso groß als die Einstrahlzahl von einer zur angestrahlten Fläche gleich großen, d. i. also die nicht halbierte Fläche.
2. Beim Strahlungsaustausch zweier rechtwinklig aufeinander stehender Flächen, von denen die eine Fläche halb so groß ist als die andere, und zwar auf der gemeinsamen Kante halbiert, gilt der gleiche Satz wie zuvor.

Diese beiden Sätze lassen sich aus der Identitätsbeziehung (Wechselwirkungsgesetz der Einstrahlung) $\varphi_1 F_1 = \varphi_2 F_2$ beweisen. Aus den Feststellungen der zwei Sätze darf jedoch nicht geschlossen werden, daß sich beim Gesamtwärmeaustausch durch Strahlung entsprechende Verhältnisse ergeben. Die Wärmeabgabe durch Strahlung verringert sich durch die halbierte Fläche auf die Hälfte, und damit ist eine Erhöhung der Oberflächentemperatur erforderlich.

2,42 Allgemeine Summengesetze der gegenseitigen Einstrahlung von Wandflächen

1. Die Summe der Einstrahlzahlen von einer Vollwandfläche auf die übrigen Vollwandflächen und umgekehrt im kubischen Raum ist stets gleich 1.

2. Die Summe der Einstrahlzahlen von einer Vollwandfläche oder Teilfläche einer Vollwandfläche auf die übrigen Vollwandflächen im rechtwinkligen Raum ist stets gleich 1.

3. Die Summe der Einstrahlzahlen von den Vollwandflächen auf eine Teilfläche einer Vollwandfläche im kubischen Raum ist gleich dem Verhältnis der Teilfläche zur Vollwandfläche.

4. Die Summe der Einstrahlzahlen von den Vollwandflächen auf eine Vollwandfläche oder auf eine Teilfläche einer Vollwandfläche im prismatischen Raum ist gleich dem Verhältnis der Vollwandfläche oder der Teilfläche zur Vollwandfläche des größtmöglichen kubischen Raumes, vervielfacht mit dem Verhältnis der strahlenden Gesamtoberfläche des größtmöglichen kubischen Raumes zu der des strahlenden prismatischen Raumes.

Anmerkung: Der größtmögliche kubische Raum bildet sich aus der größten Kantenlänge des prismatischen Raumes.

2,43 Graphische Darstellung der Summengesetze

Trägt man die örtlichen Einstrahlzahlen von einer strahlenden Fläche auf die anderen Flächen im rechtwinkligen Raum additiv auf der strahlenden Fläche auf, wie dies gemäß dem Hinweis unter (2,3) bereits erläutert wurde, so erhält man für die voll beheizte Decke das Bild 20 und bei halb beheizter Decke das Bild 21.

Man erkennt aus dem Bild 20, daß die Summe der Einstrahlzahlen auf den rechtwinkligen Raum sowohl von jedem Punkt wie auch von der Fläche stets gleich 1 ist. Aus dem Bild 21 ist zu ersehen, daß die örtlichen Einstrahlzahlen von den strahlenden Flächenteilchen auf die Gesamtflächen wiederum stets gleich 1 sind, nicht dagegen die Summe der mittleren Einstrahlzahlen der strahlenden Fläche, die für die halb beheizte Decke gleich 0,5 ist.

Die unter (2,1) nachgewiesenen Sprungstellen an den Eckkanten treten selbstverständlich wiederum auf, die jedoch nach der Funktionentheorie die Ergebnisse nicht ändern.

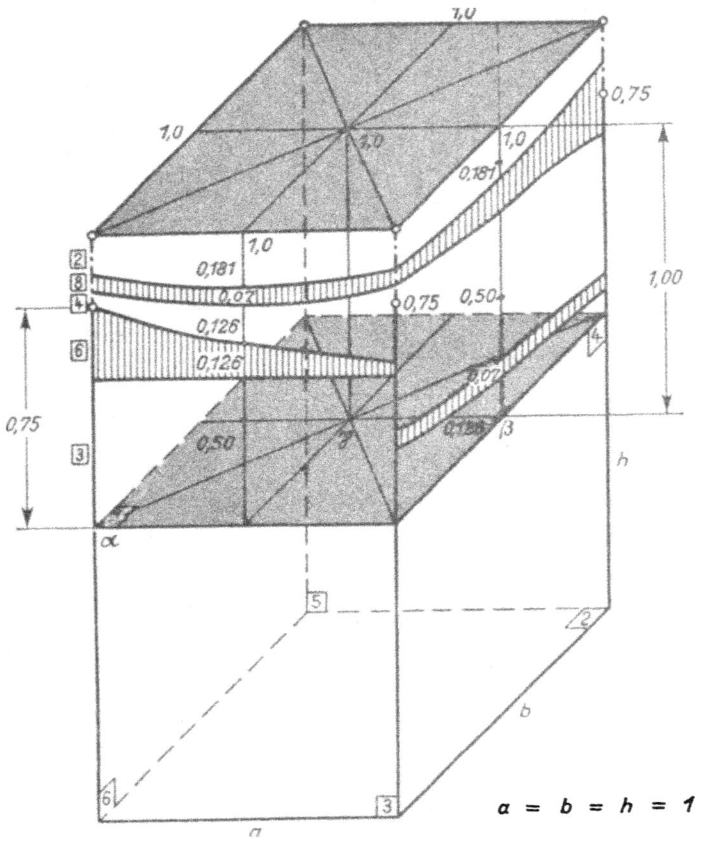

Bild 20. Örtliche Einstrahlzahlen von der voll beheizten Decke auf die Wände und den Fußboden

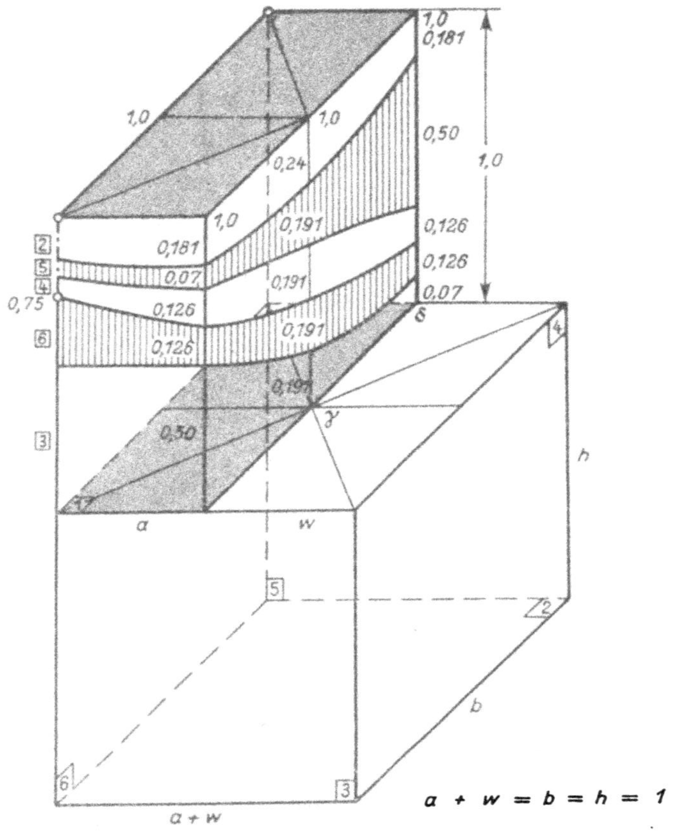

Bild 21. Örtliche Einstrahlzahlen von der halb beheizten Decke auf die Wände und den Fußboden

2,5 Die Einstrahlzahlen der Decken- und Wandflächen auf die Außenwand und das Fenster

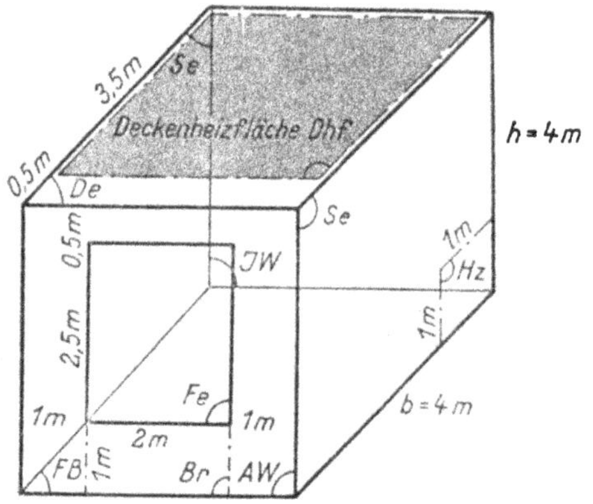

Bild 22. Deckenbeheizter Wohnraum

Dhf — Deckenheizfläche
IW — Innenwand
Fe — Fenster
AW — Außenwand
Se — Seitenwand
Br — Brüstung
FB — Fußboden
De — Decke
Hz — Heizkörper

Für den Wohnraum nach dem Bild 22 mit den Raummaßen $a = b = h = 4$ m, einer Fensterfläche von 2 m Breite und 2,5 m Höhe und einer Brüstungshöhe von 1 m, sowie einem Außenwandabstand der Deckenheizfläche von 0,5 m ermittelten sich die mittleren Einstrahlzahlen für die Flächenstrahlung nach den aufgestellten Gleichungen der Abschnitte (1,23), (1,51) und (1,52) gemäß der nachstehenden Tabelle (2,51).

2,51 Mittlere Einstrahlzahlen der gegenseitigen Flächenstrahlung

De	*Dhf*	*Dub*	*FB*	*IW*	*Se*	↓	*AW, Fe, Br* auf *De, Dhf, Dub, FB, IW, Se*					
0,200	0,16	0,448	0,200	0,200	0,200	AW_1	0,200	0,144	0,056	0,200	0,200	0,200
0,131	0,098	0,36[illegible]	0,14	0,132	0.140	AW_2	0,190	0,125	0,0662	0,21[illegible]	0,192	0,203
0,122	0,088	0,364	0,096	0,103	0,121	AW_3	0,217	0,137	0,081	0,171	0,183	0,215
0,0686	0,067	0,0825	0,0[illegible]5	0,068	0,060	*Fe*	0,220	0,187	0,033	0,176	0,220	0,192
0,009	0,010	0,001	0,049	0,029	0,019	*Br*	0,072	0,071	0,001	0,392	0,232	0,152
De, Dhf, Dub, FB, IW, Se auf *AW, Fe, Br*						⟶	*De*	*Dhf*	*Dub*	*FB*	*IW*	*Se*

Dub — unbeheizte Deckenfläche
AW_1 — volle Außenwand
AW_2 — Außenwand ohne Fenster *(AW-Fe)*
AW_3 — Außenwand ohne Fenster und ohne Brüstung *(AW_1-Fe-Br)*

Für die praktische Anwendung der Einstrahlzahlen in den Abschnitten (3,2) und (3,4) werden noch die Einstrahlzahlen für den Fenster- und Innenwandheizkörper benötigt.

Die Projektionsflächen entsprechender Heizkörpermodelle wurden im ersteren Falle gleich der Brüstungsfläche $2 \cdot 1 = 2$ m² und für den Heizkörper an der Innenwand $1 \cdot 1 = 1$ m² gewählt.

Bei der praktischen Ausfüllung der Nische mit einem Heizkörper ist wohl ein zweimaliger Seitenwandabstand, ein Fußboden- und Fensterbrettabstand zu wahren. Nimmt man diese Abstände gerade so groß wie technisch notwendig, so ist als Projektionsfläche für die Strahlung mit Rücksicht auf die Seitenstrahlung und der Oberflächentemperatur der Heizkörpernische doch die Nischengröße zu wählen. Deshalb wurde in der Tabelle 2,51 die Brüstung aufgenommen.

Für den Innenwandheizkörper ergeben sich nebenstehende Einstrahlzahlen.

Hz auf	φ_m
AW_1	0,080
AW_2	0,038
Fe	0,042

2,6 Die Einstrahlzahlen des Menschen auf die Wand- und Fensterflächen

Um die obigen Einstrahlzahlen ermitteln zu können, wurde die vorliegende Arbeit begonnen. Zuerst waren die theoretischen Voraussetzungen zu schaffen. Dies führte zur mathematischen Behandlung der Flächenstrahlung im rechtwinkligen Raum, für die bisher nur die zweier gleich großer übereinander liegender paralleler Flächen (1,231) und zweier aufeinander lotrecht stehender Rechteckflächen (1,232) als gelöst vorzufinden waren. Mit den Abschnitten (1,2), (1,3), (1,4) und (1,5) ist nun der rechtwinklige Raum mit dessen Flächenstrahlungen rechtwinkliger Flächen als geklärt anzusehen.

Der Abschnitt 2,6 mit seinen Unterabschnitten 2,61 und 2,62 gilt als Grundlage für den Abschnitt (3,5), in dem die rechnerischen Ergebnisse zur Auswertung gelangen.

2,61 Annahmen für den Aufenthaltsort des Menschen im beheizten Wohnraum

Der Aufenthaltsort des Menschen im beheizten Wohnraum kann auf Grund der Ausstrahlungen des warmen menschlichen Körpers auf die kälteren Umfassungswände, und hier vor allem bei der Außenwand und dem Fenster, nicht ohne Einfluß auf das Wohlbefinden des Menschen sein.

Die Einstrahlung der örtlichen Heizfläche mit ihrer höheren Strahlungstemperatur als der menschliche Körper auf diesen wirkt jedoch kompensierend, aber für die drei Heizungsnormalfälle, Heizkörper an Innenwand (auch Ofen), Heizkörper unter der Fensterbrüstung und Deckenheizfläche verschieden.

Bisher wurde diese Aufgabe im totalen Sinne gelöst, d. h. mit der Einstrahlzahl 1 des Menschen auf den Gesamtraum mit dessen mittlerer Wandtemperatur, die sich aus den mittleren Oberflächentemperaturen der Wände berechnen läßt. Auf gleiche Art und Weise fand die Ausstrahlung der örtlichen Heizfläche auf den Wohnraum ihre Berücksichtigung, ohne jedoch den Menschen unmittelbar einzubeziehen.

Im Gegensatz hierzu wird nun der Mensch selbst in den Mittelpunkt der heizungstechnischen Betrachtungen gestellt. Dazu ist die partielle Lösung der Aufgabe notwendig, d. h. also Einzeluntersuchungen der Auswirkungen von Einstrahlungen der Wandflächen und Ausstrahlungen der örtlichen Heizflächen auf den menschlichen Körper. Mit Hilfe der mittleren Einstrahlzahlen des Menschen auf die Wand- und Fensterflächen und der örtlichen Heizflächen auf den Menschen kann dies geschehen. Diese mittleren Einstrahlzahlen wurden für den Wohnraum nach Bild 23 unter Berücksichtigung verschiedener Aufenthaltsorte des Menschen im Raum nach den abgeleiteten Gleichungen berechnet und in der Tabelle (2,62) zusammengestellt. In dem Bild sind A, B, C, D, D', E, E', F und F' die Stellungen des Menschen im Raum. Der Mensch wird als rechteckige Fläche von 1,8 m Höhe und 0,5 m Breite (0,9 m² Oberfläche) dargestellt und in eine vordere und hintere Fläche gleicher Größe unterteilt. Die Gesamtoberfläche des Menschen ist mit 1,8 m² anzunehmen. Um diesen Wert zu erhalten, ist also die Breite von 0,5 m erforderlich, die demnach die Körperlichkeit berücksichtigt.

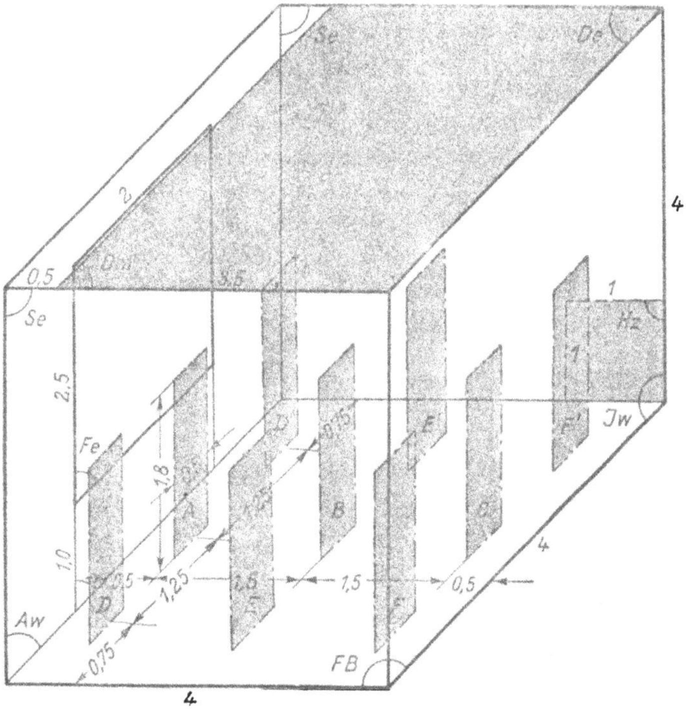

Bild 23. Beheizter Wohnraum (4 m Länge, 4 m Breite, 4 m Höhe)
AW — Außenwand; *De* — Decke; *IW* — Innenwand (16 m²); *FB* — Fußboden; *Fe* — Fenster (2 · 2,5 = 5 m²); *Se* — Seitenwand (16 m²); *Dhf* — Deckenheizfläche (3,5 · 4 = 14 m²); *Br* — Brüstung (Heizkörper unter dem Fenster 2 · 1 = 2 m²); *Hz* — Heizkörper (1 m²)
A, B, C, D, D', E, E', F, F'-Stellungen des Menschen im Raum (0,5 · 1,8 = 0,9 m²)

2,62 Einstrahlzahlen des Menschen auf die Wand- und Fensterflächen sowie Einstrahlzahlen örtlicher Heizflächen auf den Menschen

Einstrahlzahlen φ_m (Vervielfachung mit 100 ergeben %-Werte)	Gültig für			Flächenmaße m²	Abstand von der Außenwand (*AW*): in Mitte des Raumes *A* 0,5 m	*B* 2 m	*C* 3,5 m	seitlich des Raumes *D*, *D* 0,5 m	*E*, *E'* 2 m	*F*, *F'* 3,5 m	Bestimmung nach Formel
Von dem Menschen auf		AW_1	Außenwand	16	0,840	0,480	0,265	0,806	0,420	0,222	(35)
	DH HzA HzI	*Fe*	Fenster	5	0,395	0,189	0,084	0,132	0,110	0,075	(42)
	DH HzA HzI	*IW*	Innenwand	16	0,265	0,480	0,84	0,222	0,395	0,806	(35)
	DH HzA HzI	FB_1	Fußboden (dem *Fe* zu)	A: 2, B: 8, C: 14	0,120	0,280	0,328	0,111	0,231	0,300	(44)
	DH HzA HzI	FB_2	Fußboden (der *IW* zu)	A: 14, B: 8, C: 2	0,328	0,280	0,120	0,300	0,231	0,111	(44)
	DH HzA HzI	Se_1	Seitenwände*) (dem *Fe* zu)	A: 2, B: 8, C: 14	0,037	0,195	0,310	0,085	0,306	0,391	(30)
	DH HzA HzI	Se_2	Seitenwände*) (der *IW* zu)	A: 14, B: 8, C: 2	0,310	0,195	0,037	0,391	0,306	0,085	(30)
	DH HzI	AW_2	Außenwand (ohne *Fe*)	11	0,445	0,290	0,181	0,674	0,310	0,147	AW_1-*Fe*
	HzA HzI	De_1	Volldecke (dem *Fe* zu)	A: 2, B: 8, C: 14	0,0034	0,057	0,099	0,0025	0,0043	0,087	(45)
	HzA HzI	De_2	Volldecke (der *IW* zu)	A: 14, B: 8, C: 2	0,099	0,057	0,0034	0,087	0,043	0,0025	(45)
	HzA	AW_3	Außenwand (ohne *Fe* und *Br*)	9	0,047	0,178	0,132	0,557	0,233	0,107	AW_1-*Fe*-*Br*
Auf den Menschen von	DH	Dhf_1	Deckenheizfläche (dem *Fe* zu)	A: 2, B: 8, C: 14	0,0016	0,0060	0,0070	0,0010	0,0054	0,0057	(45)
	DH	Dhf_2	Deckenheizfläche (der *IW* zu)	A: 14, B: 8, C: 2	0,0063	0,0065	0,0016	0,0057	0,0048	0,0010	(45)
	DH	*Dub*	Deckenfläche (des *AW*-Abstands)	2	0,0016	0,0078	0,0027	0,0010	0,0032	0,0048	(49 a)
	HzA	*Br*	Brüstung (*Hz* in *Fe*-Nische)	2	0,179	0,051	0,022	0,052	0,035	0,018	(40)
	HzI	*Hz*	Heizkörper an *IW* (auf *ABCDEF*)	1	0,0039	0,019	0,027	0,014	0,0084	0,0074	(49)
	HzI	*Hz*	Heizkörper an *IW* (auf *D'E'F'*)	C, F, F': 0,5				0,0093	0,018	0,066	(46)

DH — Deckenheizung
HzA — Heizkörper in Fensterbrüstung
HzI — Heizkörper an Seitenwand

*) Σ der Einstrahlzahlen auf rechte und linke Seitenwand (*Hz* bei *HzI* vernachlässigt)

3

PRAKTISCHE ANWENDUNGEN DER EINSTRAHLZAHLEN

Für die praktische Anwendung der in den vorhergehenden Abschnitten aufgestellten Gleichungen der mittleren Einstrahlzahlen steht ein weites Anwendungsgebiet offen, so z. B. in der Heiz-, Kühl- und Trockentechnik, Industrieofenbau und anderen Sparten. Bisher behalf man sich in der Technik

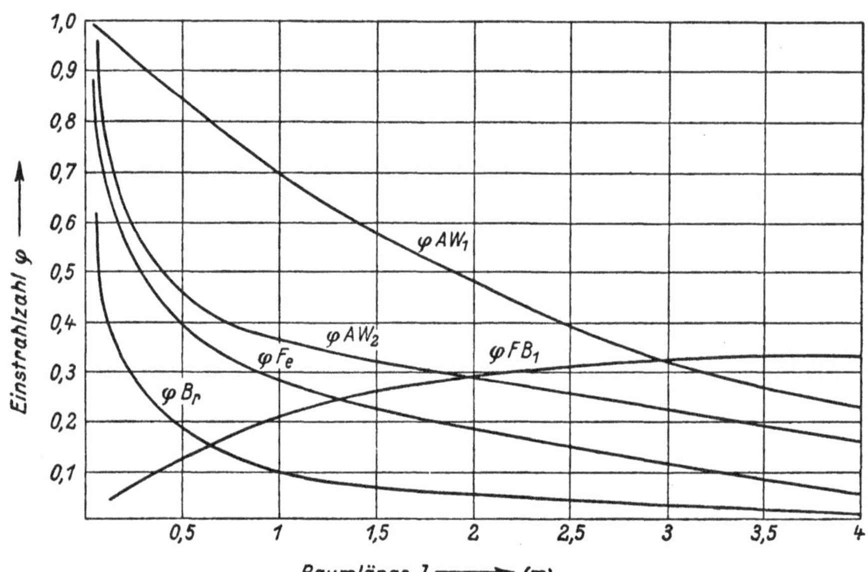

Bild 24. Verlauf der Einstrahlzahlen nach der Tabelle 2,62

mit den bekannten Gleichungen, wobei namentlich die Gleichungen (11) und (12), für welche die Einstrahlzahlen φ stets gleich 1 sind, zumeist für die praktischen Verhältnisse der Gesamtstrahlung zutrafen und für Teilstrahlungen mit den Gleichungen für die Flächenteilchenstrahlung. Beispiele für den letzteren Fall finden sich in „Wärmetechnische Rechnungen für Industrieöfen" von W. Heiligenstaedt, Verlag Stahleisen m. b. H., Düsseldorf 1941, bei der Strahlungsberechnung auf das Wärmegut in einem Stoßofen (Beispiel 8) und in einem Durchlaufofen (Beispiel 9). Daß die Anwendung der Flächenteilchenstrahlung in den Heiligenstaedtschen Beispielen nur eine mehr oder weniger gute Annäherung ist, wird in dem Abschnitt (3,4) nachgewiesen. Durch die nun gegebenen Gleichungen für die Flächenstrahlung ist eine genauere Bestimmung der tatsächlichen Verhältnisse und hierdurch vor allem ein tieferer Einblick in den Verlauf der Strahlungsverteilung möglich, für die sich die technischen Auswirkungen noch ergeben werden.

3,1 Der Außenwandabstand der Rohrregister bei der Deckenheizung

Bei der Ausführung der Deckenheizung ordnet man die Deckenregister mit einem mehr oder weniger großen Abstand von der Außenwand innerhalb der Decke an. Der Grund hierzu ist die Vermeidung zusätzlicher Wärmeverluste der Decke durch Wärmeleitung nach dem Freien zu. Wird der Wandabstand aus technischen Gründen (z. B. Unterbringung der Heizfläche in einem Eckraum) nicht eingehalten, so ist der zusätzliche Wärmeverlust je Meter Deckenbreite $q_v = 1{,}8 \cdot 02\,(50 + 15) = 23$ kcal/mh.

Der Verlauf der Temperatur innerhalb der Decke vom Heizrohr ab nach außen ist eine Aufgabe der Wärmeleitung in einem Stab von endlicher Länge, deren mathematische Lösung durch Gröber (0,220) gegeben wurde. Kalous (0,217) hat diese Lösung für den besonderen Fall der Deckenheizung, den das Bild 25 zeigt, erweitert. Sein Ergebnis gilt jedoch exakt nur für den Temperaturverlauf zwischen zwei Heizrohren, die in der Decke, jedoch unmittelbar unter der Oberfläche, liegen. Für die wirklichen Verhältnisse, d. i. stets mit einem bestimmten Rohrabstand (c) von der Deckenunterseite (nach Bild 27) gelten die Gleichungen des Abschnittes (3,32). Der Kalaussche Sonderfall ($c = 0$) ist als Grenzwert in den gegebenen Gleichungen enthalten, d. h. es ergeben sich hiermit die Kalousschen Formeln. Mit Rücksicht auf den Schutz der Rohre vor der Rostgefahr ist eine Mindestdeckung von 1 cm (im geschlossenen Raum) erforderlich. Bautechnische Gründe, wie geeignete Lagerung der Rohrregister, Schutz vor Temperaturrissen der Decke und erforderliches Rohrgefälle, vergrößern

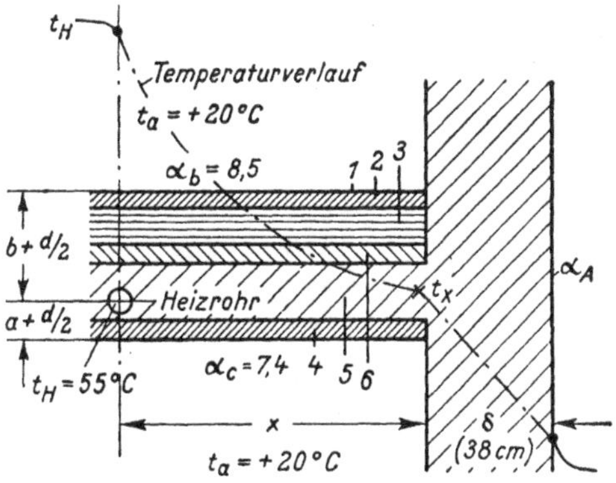

Bild 25. Vollbetondecke
1 Linoleum 2 Estrich 3 Bimsbeton
4 Isolierplatte 5 Beton 6 Putz

zumeist diesen Abstand. Dies wirkt sich in einer gewissen Minderung der Wärmeabgabe der Decke nach unten aus. Die sich aus dem Rohrabstand (c) ergebenden wärmetechnischen Auswirkungen sind rechnerisch erfaßbar (3,32).

Ein weiterer Rohrabstand, und zwar der der ersten Rohrlage nach der Außenwand zu, bedarf nun noch einer Klärung. Mit Rücksicht auf die Wärmeverluste ist dieser möglichst groß zu wählen. Dies beeinträchtigt jedoch wiederum nicht ganz unwesentlich die Einstrahlzahl der Deckenheizfläche auf die Außenwand. Da bei der Flächenheizung die Abschirmung der Außenwandwirkung maßgebend ist, wäre demnach dieser Abstand gering zu halten.

Die weiteren Betrachtungen sind nun auf die Ermittlung eines Anhaltwertes für den Außenwandabstand der Rohrregister gerichtet.

Für die praktische Aufgabe genügt es, wenn der Temperaturverlauf in dem Punkt t_x abgebrochen wird, sofern man hier das Erreichen einer Temperatur von annähernd $+20°$ C, also normale Raumlufttemperatur, annimmt. Als ungünstiger Fall hierfür soll noch unterhalb und oberhalb der Decke die gleiche Temperatur herrschen.

Man erhält nun die Gleichung (ohne Wärmeabgabe nach den Seiten in der Außenwand, da die Temperaturverhältnisse etwa gleich sind und der Wärmestrom gleichgerichtet ist)

$$(59) \quad t_x = (t_H - t_A) \frac{1}{\mathfrak{Cof}(m x) + (x_A/\lambda_m)\, \mathfrak{Sin}(m x)} + (t_A - t_a) \frac{1}{\lambda_m / x_A + \mathfrak{Tg}(m x)} + t_a$$

oder

$$t_x = \left\{ (t_H - t_a) + (t_A - t_a) \frac{x_A}{\lambda_m} \mathfrak{Cof}(m x) \right\} \frac{1}{\mathfrak{Cof}(m x) + (x_A/\lambda_m)\, \mathfrak{Sin}(m x)} + t_a \ (°\mathrm{C})$$

$$\text{gültig für} \quad t_x \geqq t_a \geqq t_A$$

für den Temperaturverlauf in Richtung der Außenwand.

Hierin bedeutet

t_x = Temperatur am Ende der Decke (° C)

t_a = Lufttemperatur unterhalb und oberhalb der Decke (° C)

m = $\sqrt{(x_b + x_c)/(\lambda\, d_a)}$ (m^{-1})

mit x_b = Wärmeüberleitzahl der Deckenschicht b

= $1/(1/\alpha_b + b/\lambda_b)$ (kcal/m^2h° C)

x_c = Wärmeüberleitzahl der Deckenschicht c

x_A = Wärmeüberleitzahl der Außenwand (δ) = $(1/(1/\alpha_A + \delta/\lambda_A)$ (kcal/m^2h° C)

a = Deckenschichtstärke a (m)

b = Deckenschichtstärke b (m)

α_c = Wärmeübergangszahl nach unten (kcal/m²h°C)

α_b = Wärmeübergangszahl nach oben (kcal/m²h°C)

λ_a = Wärmeleitzahl der Deckenschicht *a* (kcal/m h°C)

λ_b = Wärmeleitzahl der Deckenschicht *b* (kcal/m h°C)

x = Abstand des Heizrohres von der inneren Außenwand (m)

d_a = äußerer Rohrdurchmesser (m)

Der Zahlenwert *m* ergibt sich nun z. B. für die Deckenausführung nach Bild 25 zu 18 mit $^3/_4$''-Rohr. Bei einer weniger guten Isolierung der Deckenschicht *b* wird *m* größer. Für die Baupraxis kann man die Werte *m* zwischen 12 und 24 liegend annehmen.
Mit den Zahlenwerten, wie diese im Bild 25 stehen, ferner für die mittlere Heizwassertemperatur von $t_H = 55°$ C, errechnet sich mittels der gegebenen Gleichung die folgende Tabelle:

3,11 Temperatur t_x beim Wandabstand x

$m =$	12	14	16	18	20	22	24
$x = 0,1$ m	30,6	28,9	27,3	25,9	24,6	23.6	22,5
$x = 0,125$ m	26,7	25,0	23,5	22,3	21,4	20,6	20,0
$x = 0,15$ m	23,6	22,1	20,9	20,0	(19,4)		
$x = 0,175$ m	21,2	20,0	(19,1)				
$x = 0,20$ m	(19,4)						

Unter Annahme obiger Zahlenwerte erhält man damit folgendes Ergebnis:

3,12 Erforderlicher Wandabstand der Deckenheizfläche

$12 < m \leq 16$	$x = 0,20$ m
$16 < m \leq 20$	$x = 0,15$ m
$20 < m \leq 24$	$x = 0,125$ m

Ein Wandabstand von 20 cm genügt für die meisten praktischen Verhältnisse, zumal die berechneten Temperaturen in der Rohrebene liegen, so daß an der Deckenober- und -unterseite geringere Werte herrschen. Unter einen äußeren Wandabstand, der kleiner als der Rohrabstand (*l*) ist, zu gehen, wird man zweckmäßiger vermeiden.

3,2 Die inneren Außenwand- und Fenstertemperaturen bei der Deckenheizung und Radiatorenheizung

Für den mit Bild 22 gegebenen Raum und unter Benutzung der mit der Tabelle 2,51 ermittelten Zahlenwerte sollen nun die Wärmeverluste und innere Oberflächentemperaturen der Außenwand und des Fensters für die Deckenheizung und im Vergleich hierzu für die Radiatorenheizung berechnet werden (0,224 S. 103 bzw. Ges. Ing. Bd. 70 (1949) S. 22/28).

AW_2-Deckenheizung

Die bekannte Gleichung für den Strahlungsaustausch ist (mit Gl. 10, 13 und 13a)

(9b) $$Q = \varphi \cdot b \cdot C \cdot F(t_1 - t_2) \text{ kcal/h}$$

Hiermit ergibt sich

$Q_{Dhf} = 0{,}098 \cdot 1{,}12 \cdot 4{,}1 \cdot 14(50 - t_{AW})$	Mittlere Heizflächentemperatur 50° C
$Q_{Se} = 2 \cdot 0{,}14 \cdot 1{,}0 \cdot 4{,}1 \cdot 16(22 - t_{AW})$	Innenwandtemperatur 22° C
$Q_{IW} = 0{,}132 \cdot 1{,}0 \cdot 4{,}1 \cdot 16(22 - t_{AW})$	
$Q_{FB} = 0{,}145 \cdot 1.0 \cdot 4{,}1 \cdot 16(23 - t_{AW})$	Fußbodentemperatur 23° C
$Q_{Dub} = 0{,}365 \cdot 1{,}0 \cdot 4{,}1 \cdot 2(30 - t_{AW})$	Mittlere unbeheizte Deckenoberflächentemperatur 30° C
$Q_{Str} = 1217 - 45{,}85\, t_{AW}$	

Die Wärmedurchgangszahl der AW sei $k = 1{,}34$ kcal/m²h°C (38 cm starke Backsteinwand).
Die Wärmeübergangszahl durch Konvektion $\alpha_K = 3{,}0$ kcal/m²h°C. Außen temperatur —15° C. Raumlufttemperatur 18° C.
Der Wärmeverlust der AW (Q_{Ver}) ist

$$Q_{Ver} = Q_{Str} + Q_K$$

Mit obigen Werten ergibt sich jetzt

$$11 \cdot 1{,}7(t_{AW} + 15) = 1217 - 45{,}85\, t_{AW} + 594 - 33\, t_{AW}$$

und damit

$$t_{AW} = 15{,}6° \text{ C}$$

$$q_{Ver} = 52 \text{ kcal/m}^2 \text{ h}$$

Fe-Deckenheizung

Die Wärmeüberleitzahl des Doppelfensters ist $\varkappa = 3{,}85\ \mathrm{kcal/m^2 h\,°C}$. Man erhält in gleicher Weise wie zuvor

$$5 \cdot 3{,}85\,(t_{Fe} + 15) = 586 - 20{,}85\,t_{Fe} + 270 - 15\,t_{Fe}$$

$$t_{DF} = 10{,}3°\ \mathrm{C}$$

$$q_{\mathrm{Ver}} = 97{,}5\ \mathrm{kcal/m^2\,h°\,C}$$

AW_2-Radiatorenheizung (*Hz* an *IW*)

Raumlufttemperatur 20° C. Innenwandtemperatur 20° C. Mittlere Heizkörpertemperatur 80° C

$$Q_{\mathrm{Ver}} = Q_{\mathrm{Str}} + Q_{\mathrm{Str_{Hz}}} + Q_K$$

$$11 \cdot 1{,}7\,(t_{AW} + 15) = 0{,}688 \cdot 1{,}0 \cdot 4{,}1 \cdot 16\,(20 - t_{AW})$$
$$+\ 0{,}038 \cdot 1{,}3 \cdot 4{,}1 \cdot 1\,(80 - t_{AW}) + 11 \cdot 3\,(20 - t_{AW})$$

$$t_{AW} = 13{,}3°\ \mathrm{C}. \quad q_{\mathrm{Ver}} = 48\ \mathrm{kcal/m^2 h}$$

Fe-Radiatorenheizung (*Hz* an *IW*)

$$5 \cdot 3{,}85\,(t_{Fe} + 15) = 0{,}312 \cdot 1{,}0 \cdot 4{,}1 \cdot 16\,(20 - t_{Fe}) + 5 \cdot 3\,(20 - t_{Fe})$$
$$+\ 0{,}042 \cdot 1{,}3 \cdot 4{,}1 \cdot 1\,(80 - t_{Fe})$$

$$t_{Fe} = 7{,}9°\ \mathrm{C}. \quad q_{\mathrm{Ver}} = 88\ \mathrm{kcal/m^2 h}$$

AW_3-Radiatorenheizung (*Hz* in *Br*)

Die Strahlungstemperatur des *Hz* in der Brüstung wird mit Rücksicht auf die Annahme der Brüstungsfläche als strahlende Fläche (siehe 2,5) und der geringen Tiefe des Heizkörpers zu 70° C eingesetzt.

$$9 \cdot 1{,}7\,(t_{AW} + 15) = 0{,}563 \cdot 0{,}97 \cdot 4{,}1 \cdot 16\,(20 - t_{AW}) + 9{,}3\,(20 - t_{AW})$$

$$t_{AW} = 13{,}1\ °\mathrm{C}. \quad q_{\mathrm{Ver}} = 47{,}8\ \mathrm{kcal/m^2 h}$$

Fe-Radiatorenheizung (*Hz* in *Br*)

Die mittlere Einstrahlzahl der Heizkörperoberseite auf das Fenster (Fensterbrett nicht über den Heizkörper gehend) bei 15 cm Heizkörpertiefe berechnet sich zu 0,445.

$$5 \cdot 3{,}85\,(t_{Fe} + 15) = 0{,}312 \cdot 1{,}0 \cdot 4{,}1 \cdot 16\,(20 - t_{Fe}) + 5 \cdot 3\,(20 - t_{Fe})$$
$$+\ 0{,}445 \cdot 1{,}22 \cdot 4{,}1 \cdot 0{,}3\,(70 - t_{Fe})$$

$$t_{Fe} = 8{,}5°\ \mathrm{C}. \quad q_{\mathrm{Ver}} = 91\ \mathrm{kcal/m^2 h}$$

Br-Radiatorenheizung (*Hz* in *Br*)

Die Nische erhält durch zusätzliche Isolierung den gleichen *k*-Wert wie die Außenwand.

Bei einer mittleren Lufttemperatur von 40°C der zwischen Heizkörper und Fensterbrüstung emporsteigenden Luft ergibt sich

$$1 \cdot 1{,}45 \cdot 4{,}12\,(70 - t_{Br}) = 2 \cdot 1{,}7\,(t_{Br} + 15) + 2 \cdot 4\,(t_{Br} - 40)$$

$$t_{Br} = 48^\circ\,\text{C}. \quad q_{\text{Ver}} = 107 \ \text{kcal/m}^2\,\text{h}$$

Rohrleitungsverlust

Unter Annahme von $2 \cdot 4 = 8$ m 1″ Rohrstränge im Raum und $2 \cdot 1 = 2$ m $^1/_2$″ Anbindungen ergibt sich deren Strahlungsverlust an die Außenwand zu

$$1 \cdot 1{,}4 \cdot 0{,}305\,(80 - t_R) = 0{,}305 \cdot 1{,}7\,(t_R + 15) + 0{,}304 \cdot 4\,(t_R - 20)$$

$$t_R = 45^\circ\,\text{C}. \quad Q = 31 \ \text{kcal/h}$$

Die Strahlungsverluste der seitlichen Nischenwände und des Fußbodens unter dem Heizkörper sind durch die Annahme einer 2 m² großen Projektionsfläche des Heizkörpers (gleich Brüstungsfläche) berücksichtigt worden, da bei 2 m Nischenbreite die Rückseite des Heizkörpers allein durch die Seitenwandabstände und den Fußbodenabstand diese Projektionsfläche nicht erreicht. Man erhält nun die folgende Gegenüberstellung, die nach den Voraussetzungen bei den Berechnungen für eine Außentemperatur von —15°C bzw. 0°C, einer Raumlufttemperatur von +20°C bei den Radiatorenheizungen und +18°C bei der Deckenheizung gilt.

3,21 Gegenüberstellung der Temperatur- und Wärmeverlustverhältnisse bei der Deckenheizung und Radiatorenheizung

Flächenabmessungen $AW_1 = 16\,\text{m}^2$ $AW_2 = 11\,\text{m}^2$ $AW_3 = 9\,\text{m}^2$ $Fe = 5\,\text{m}^2$ $Br = 2\,\text{m}^2$	Radiatorheizung				Deckenheizung	
	Hz an *IW**)		*Hz* in *Br*			
	—15°C	± 0°C	—15°C	± 0°C	—15°C	± 0°C
Wandtemperatur °C	13,3	16,2	13,1	16,1	15,6	17,3
Fenstertemperatur °C	7,9	13,1	8,5	13,6	10,3	14,3
Wärmeverlust *AW* kcal/m² h	48	27,6	47,8	27,4	52	29,4
Wärmeverlust *Fe* kcal/m² h	88	50,5	91	53	97,9	55
Σ der Wärmeverluste kcal/m² h	61	35	71	41	66	37,5

Die unterschiedlichen Wärmeverluste sind auf die nicht erfaßten Luftwechselverhältnisse und der nicht gleich gebliebenen physiologischen Temperatur (halbe Summe von Strahlungs- und Raumlufttemperatur) zu-

*) nach dem Bild 22 Bezeichnung als Seitenwand.

rückzuführen. [Ges. Ing. Bd. 70 (1949) S. 22/28. Theorie und Technik der Flächenheizung]. Irgendwie müssen sich jedoch die in jedem Falle voneinander abweichenden Ergebnisse der Wandtemperaturen auswirken und demnach vor allem den Menschen betreffen.
In dem Abschnitt (3,5), der als Fortsetzung vorstehender Darlegungen anzusehen ist, wurde hierauf näher eingegangen.

3,3 Die Kühlwirkung der Rohrregister in der Decke bei Kaltwasserdurchlauf im Sommer

Auf die Möglichkeit, die im Baustoff eingebettete Berohrung der Deckenheizung mit Kühlwasser zu beschicken, um die sommerlichen Raumtemperaturen zu ermäßigen, ist im technischen Schrifttum des öfteren hingewiesen worden. Die ersten näheren Berechnungsunterlagen hierzu gab Kalous (0,218), wobei er auch die technischen Voraussetzungen erwähnte. Die Aufgabe des vorliegenden Kapitels ist nun, eine Verbindung zwischen den gegebenen Berechnungsunterlagen und der bekannten Berechnungsmethode von Klimaanlagen (0,219) unter Einbezug der in den vorhergehenden Ausführungen aufgestellten Einstrahlzahlen herzustellen.

3,31 Die durch Sonneneinstrahlung in den Raum eindringende Wärme bei verschiedenen äußeren Wärmeübergangszahlen

Der mit Deckenheizung versehene Raum habe die Abmessungen nach Bild 26. Die von der Sonneneinstrahlung und dem Wärmedurchgang durch die Außenwand an die Raumluft übergehende Wärmemenge ist

(60) $$Q_i = \varepsilon\,(k/\alpha_a) F J + k F\,(t_a - t_i)\ \text{kcal/h}$$

Hierin ist das erste Glied für die Sonneneinstrahlung (Q_s) und das zweite Glied für den Wärmedurchgang (Q_k). Es bedeutet:

ε = Absorptionsverhältnis (Schwärzegrad) der sonnenbestrahlten Fläche

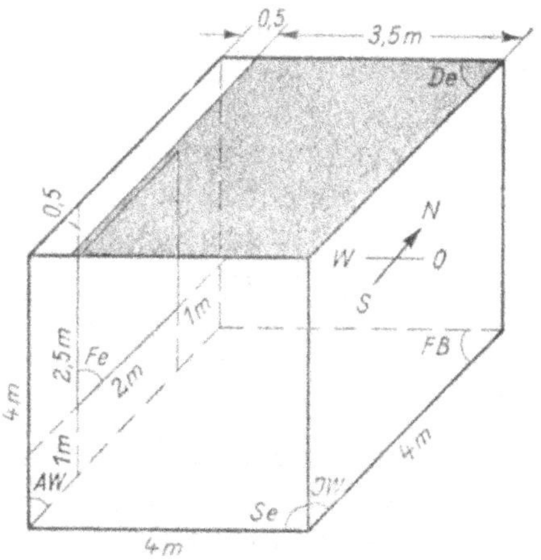

Bild 26. Deckenbeheizter Wohnraum

AW — Außenwand *Fe* — Fenster
IW — Innenwand *Se* — Seitenwand
FB — Fußboden

k = Wärmedurchgangszahl (kcal/m²h°C)
α_a = äußere Wärmeübergangszahl (kcal/m²h°C)
F = Wandfläche (m²)
J = Strahlungsintensität (kcal/m²h)
t_a = Außenlufttemperatur (°C)
t_i = Raumlufttemperatur (°C)

Die Oberflächentemperatur der sonnenbestrahlten Wand ermittelt sich aus der Gleichung

(61) $$\vartheta_a = \frac{\alpha_a - k}{\alpha_a}\left(\frac{\varepsilon J}{\alpha_a} + t_a - t_i\right) + t \;°\text{C}$$

Die innere Oberflächentemperatur der Außenwand ergibt sich aus

(62) $$\vartheta_i = \vartheta_a - q_i/\Lambda \;°\text{C}$$

mit

(63) $$q_i = \varkappa_i(\vartheta_a - t_i) \text{ kcal/m}^2\text{ h}$$

und

(64) $\varkappa_i = 1/(1/\alpha_i + \delta/\lambda)$ kcal/m²h°C innere Wärmeüberleitzahl

Λ = λ/δ kcal/m²h°C Wärmedurchlässigkeitszahl
α_i = innere Wärmeübergangszahl kcal/m²h°C
λ = Wärmeleitzahl der Wand kcal/mh°C
δ = Wandstärke der Wand m

Angenommen wurden nun folgende Zahlenwerte:

Außenwand: ε = 0,7 (mäßig helle Oberfläche)
J = 523 kcal/h (Sonneneinstrahlung Westwand um 16^h 1. 7.)
F = 11 m²
k = 1,34 kcal/m²h°C für α_a = 20 kcal/m²h°C (38 cm starke Backsteinwand)
k = 1,30 kcal/m²h°C für α_a = 15 kcal/m²h°C
k = 1,29 kcal/m²h°C für α_a = 13 kcal/m²h°C
α_i = 7 kcal/m²h°C
Λ = 1,79 kcal/m²h°C
λ = 0,75 kcal/mh°C
δ = 0,38 m Backstein bzw. 0,02 m Verputz (innen und außen)
$\varkappa_i$ = 1,43 kcal/m²h°C
t_a = 32° C
t_i = 26° C (gekühlte Temperatur)

Fenster: ε = 0,577 (0,7 · 0,81 mit Sonnenschutz)
F = 5 m²

$k = 3{,}5$ kcal/m²h°C (Doppelfenster)
$\varkappa_i = 4{,}55$ kcal/m²h°C
$\Lambda = 13$ kcal/m²h°C

Mit den Gleichungen und Zahlenwerten ergeben sich die Resultate der folgenden Tabelle:

3,311 **Zahlenwerte für Sonneneinstrahlung und Wärmedurchgang**

$t_a = 32$ °C $t_i = 26$ °C	α_a kcal/m²h°C	k kcal/m²h°C	ϑ_a °C	ϑ_i °C	q_{Str} kcal/m²h	q_i kcal/m²h	Q_{Str} kcal/h	Q_i kcal/h	$q_i - q_{Str} = q_{Konv}$ kcal/m²h	Q_{Konv} kcal/h
AW 11 m²	20	1,34	48,7	30,7	24,5	32,4	270	355	7,9	87
	15	1,30	53,8	31,5	31,8	39,6	350	435	7,8	85
	13	1,29	56,8	32,2	36,4	44	400	485	7,6	83
Fe 5 m²	15	3,5	44,8	37,8	69,5	91,5	350	460	22	110

3,32 Die Gleichungen für die Bestimmung der mittleren Decken- oder Wandoberflächentemperaturen bei Heizung und Kühlung

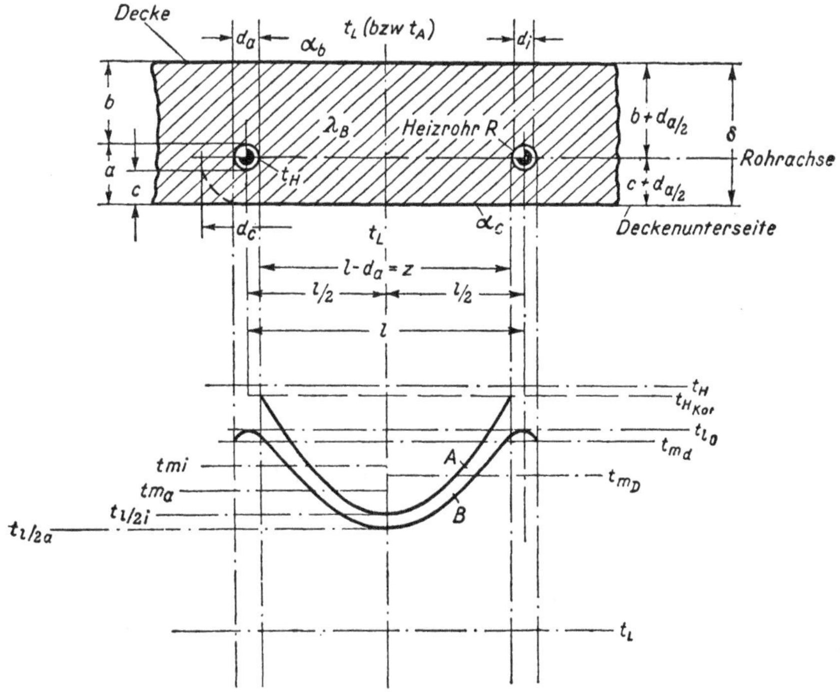

Bild 27. Temperaturverteilung zwischen den Heizrohren mit Buchstabenbedeutungen für die Gleichungen.
A — Temperaturverlauf in der Rohrachse; B — Temperaturverlauf an der Deckenunterseite

Die erstmalige Veröffentlichung der nachstehenden Gleichungen erfolgte in der Zeitschrift „Gesundheits-Ingenieur“ Bd. 69 (1948), Heft 3, S. 66/71 und 81/85 (Die mathematischen Methoden zur Ermittlung der Temperaturverteilung in der Decke einer Strahlungsheizung. Die Ako-Flächenheizung).
Die Bedeutung der folgenden Buchstaben geht aus Abschnitt 3,326 und Bild 27 hervor.

3,321 **Bei Heizung**

I. Über und unter der Decke gleiche Lufttemperaturen. In der Decke (Rohrachse) zwischen den Rohren (z)

(65) $$t_{l/2_i} = M(t_H - t_L) + t_L \ {}^\circ\mathrm{C}$$

(66) $$t_{m_i} = \frac{1+2M}{3}(t_H - t_L) + t_L \ {}^\circ\mathrm{C}$$

In der Decke beim Zusammenstoß der Deckenstärken a und b zwischen dem Rohrmittenabstand (l)

(66a) $$t_{m_{ab}} = t_{m_i} \cdot z/l + t_H \cdot d_a/l \ {}^\circ\mathrm{C}$$

[auch für Fall II mit Gl. (73) geltend].
An der Deckenunterseite zwischen den Rohren (z)

(67) $$t_{m_a} = \frac{1+2M}{3(1+(\alpha/\Lambda)_c)}(t_H - t_L) + t_L \ {}^\circ\mathrm{C}$$

(68) $$t_{l/2_a} = \frac{3t_{m_a} - t_{m_d}}{2} \ {}^\circ\mathrm{C}$$

[auch für Fall II mit Gl. (74) geltend].
Die Gl. 68 kann auch wie Gl. 67 bzw. 74 angeschrieben werden, jedoch ist dann nur M statt $(1+2M)/3$ zu setzen.
An der Deckenunterseite unterhalb des Rohres (zwischen d_a)

(69) $$t_{m_d} = t_H - (\varkappa/\Lambda)_c (t_H - t_L) \ {}^\circ\mathrm{C}$$

(auch für den Fall II geltend).
Bei größerem Rohrdurchmesser ist $c + 0{,}1\, d_a$ statt c zu setzen.
An der Deckenunterseite unterhalb des Rohres (Mitte d_a)

(70) $$t_{l_0} = t_H - \frac{0{,}5\, l}{\pi \lambda_c}\{\alpha_D(t_{m_D} - t_L) + \alpha_{FB}(t_{m_{FB}} - t_L)\} \ln(d_c/d_a) \ {}^\circ\mathrm{C}$$

(auch für Fall II mit Gl. (75) geltend mit α_{Da} und t_A statt α_{FB} und t_L).
Die mittlere äußere Heizflächentemperatur zwischen dem Rohrmittenabstand (l)

(71) $$t_{m_D} = \left[\frac{1+2M}{3(1+(\alpha/\Lambda)_c)}(1 - d_a/l) + d_a/l \cdot (1 - (\varkappa/\Lambda)_c)\right](t_H - t_L) + t_L \ {}^\circ\mathrm{C}$$

II. Über und unter der Decke verschiedene Lufttemperaturen.

In der Decke (Rohrachse) zwischen den Rohren (z)

(72) $$t_{l/2_i} = M(t_H - t_L) - (1 - M)\,K(t_L - t_A) + t_L \;°\mathrm{C}$$

(73) $$t_{m_i} = \frac{1+2M}{3}(t_H - t_L) - \left(1 - \frac{1+2M}{3}\right) K(t_L - t_A) + t_L \;°\mathrm{C}$$

An der Deckenunterseite zwischen den Rohren (z)

(74) $$t_{m_a} = \frac{1+2M}{3(1+(\alpha/\Lambda)_c)}(t_H - t_L) - \left(1 - \frac{1+2M}{3}\right) \frac{K}{1+(\alpha/\Lambda)_c}(t_L - t_A) + t_L \;°\mathrm{C}$$

Die mittlere äußere Heizflächentemperatur zwischen dem Rohrmittenabstand (l)

(75) $$t_{m_D} = \left[\frac{1+2M}{3(1+(\alpha/\Lambda)_c)}(1 - d_a/l) + d_a/l \cdot (1 - (\varkappa/\Lambda)_c)\right](t_H - t_L)$$
$$- \left(1 - \frac{1+2M}{3}\right) \frac{K}{1+(\alpha/\Lambda)_c}(1 - d_a/l)(t_L - t_A) + t_L \;°\mathrm{C}$$

Die Temperaturen nach oben (Deckenoberseite gleich Fußboden oder Dach) ermitteln sich aus denselben Gleichungen, jedoch ist statt des Zeigers c in den Gleichungen sowie in K das Fußzeichen b (und umgekehrt in K) zu schreiben, ferner ist in Gl. (74) und (75) t_L mit t_A zu vertauschen.

Bei einer Deckenkonstruktion, die nicht monolithisch ausgeführt ist, demnach verschiedene Baustoffe in senkrechter und waagrechter Anordnung (wie Deckensteine, Lufträume, Isolierungen, Verputz usw.) aufweist, ist bei der Einsetzung der Wärmeleitzahlen λ folgendes zu beachten:

1. Der λ-Wert in $\varkappa_b$ und $\varkappa_c$ für m ist senkrecht zur Deckenachse innerhalb des Rohrabstandes z zu berechnen.
2. Der λ-Wert im Nenner der Wurzel für m ist waagrecht zur Deckenachse innerhalb des Rohrabstandes z in der Dicke und Richtung von d_a (von Rohr zu Rohr) zu berechnen.
3. Für den Ausdruck $(1 + (\alpha/\Lambda)_c)$ und für K gilt ebenfalls die Anmerkung 1.
4. In dem Ausdruck $(1 - (\varkappa/\Lambda)_c)$ sind die λ-Werte für $\varkappa$ und Λ senkrecht unter dem Rohrdurchmesser d_a und in dessen Dicke einzusetzen. Dies gilt auch für t_{m_d} nach Gl. (69). Exakt genommen wäre in beiden Fällen dann noch in Λ der α-Wert für die Temperatur t_{m_d} zu nehmen (praktisch kann dies vernachlässigt werden, wenn keine außergewöhnlich große Rohrabstände genommen werden). (Beispiele für die $\varkappa$- und λ-Berechnung siehe [0,224] S. 133, 177, 180, 182 bzw. auch Ges. Ing. Bd. 69 (1948) S. 281/293. Praktische Berechnung der Flächenheizung.)

3,322 Bei Kühlung

Für die Heizwassertemperatur t_H ist die Kühlwassertemperatur t_K einzusetzen. Die vorstehenden Gleichungen gelten damit auch für die Kühlung. Auf die Vorzeichen der Temperaturen ist zu achten. Die Wärmemenge ergibt sich hierdurch negativ.

Als Sonderfall (bei II) tritt hier nun noch die Sonneneinstrahlung $(k/\alpha_b \cdot \varepsilon J)$ auf. Unter deren Berücksichtigung erhält man für die Decke (hier Flachdach) oder Außenwand:

„In den Gleichungen (72 bis 75) ist t_A durch t_{Wa} (Außenwandtemperatur mit Sonneneinstrahlung nach Gl. [61]) zu ersetzen. Es ist dabei in m bzw. M und K (3,326) jeweils Λ_b statt $\varkappa_b$ einzuführen."

Mit nicht geändertem m- und K-Wert erhält man die Gleichung

(76)
$$t_{m_D} = \left[\frac{1+2M}{3\,(1+(\alpha/\Lambda)_c)}\,(1-d_a/l) + d_a/l\cdot(1-(\varkappa/\Lambda)_c)\right](t_K - t_L)$$
$$-\left(1-\frac{1+2M}{3}\right)\frac{K}{1+(\alpha/\Lambda)_c}\,(1-d_a/l)\,(t_L - t_A - \varepsilon J/\alpha_b) + t_L \ {}^\circ\mathrm{C}$$

[Bei t_{W_i} (72), t_{m_i} (73) und t_{W_a} (74) tritt sinngemäß das gleiche Ergänzungsmitglied $(\varepsilon J/\alpha)$ für die Sonneneinstrahlung hinzu.]

Mit Gl. (61) kann nun $(t_L - t_A - \varepsilon J/\varkappa_b)$ auch durch $(\alpha_b/(\alpha_b - k))\cdot(t_L - t_{Wa})$ ersetzt werden.

Die Außenwandtemperatur (mit Sonneneinstrahlung) kann angenähert
für eine Südwand zu $t_{Wa} = 45\,^\circ\mathrm{C}$,
für eine Westwand zu $t_{Wa} = 50\,^\circ\mathrm{C}$ und
für ein Flachdach zu $t_{Wa} = 60\,^\circ\mathrm{C}$ angenommen werden.

Für die Wärmeübergangszahl α_b (nach dem Freien zu) wird man für Sommerverhältnisse mit 15 kcal/m²h°C anstatt nach den DIN-Regeln 4701 (für Winterverhältnisse) mit 20 kcal/m²h°C rechnen.

3,323 Die Korrekturgleichung für die mittlere Heizwassertemperatur t_H bzw. Kühlwassertemperatur t_K

Für besondere Verhältnisse wie große Rohrdurchmesser, hohe Heizwassertemperaturen und geringe Wassergeschwindigkeiten empfiehlt es sich, in den genannten Gleichungen t_H bzw. t_K durch die korrigierte Temperatur zu ersetzen. Die Gleichung hierfür lautet:

(77)
$$t_{H_{\mathrm{Kor}}} = t_H - (l/\pi)\cdot\varkappa_b + \varkappa_c)\,(t_{m_{ab}} - t_L)$$
$$(1/(\alpha_R d_i) + 1/2\,\lambda_R \cdot \ln(d_a/d_i) + 1/17{,}3\,\lambda_B)\ {}^\circ\mathrm{C}$$

bzw.

(77 a)
$$t_{H_{\mathrm{Kor}}} = t_H - (l/\pi)\,\{\varkappa_c\,(t_{m_{ab}} - t_L) + \varkappa_b\,(t_{m_{ab}} - t_A)\}$$
$$(1/(\alpha_R d_i) + 1/2\,\lambda_R \cdot \ln(d_a/d_i) + 1/17{,}3\,\lambda_B)\ {}^\circ\mathrm{C}$$

($t_{m_{ab}}$ ist zuerst mit t_H zu ermitteln, hierauf $t_{H_{\text{Kor}}}$. Gegebenenfalls kann man dann nochmals $t_{m_{ab}}$ berechnen und erneut $t_{H_{\text{Kor}}}$ bestimmen.) Die ersten zwei Glieder in der dritten Klammer berücksichtigen den Wandeinfluß des Rohres und das dritte Glied der Rohrkrümmung.

Die Wärmeübergangszahl α_R an die Rohrwand läßt sich mit der Gleichung

$$\text{(78)} \qquad \alpha_R = 1755\,(1 + 0{,}0135\,t_H + 0{,}0015\,t_{W_R}) \cdot w^{0{,}87}/d_i^{0{,}13} \ \text{kcal/m}^2\,\text{h}^\circ\,\text{C}$$

berechnen. (Die Rohrwandtemperatur t_{W_R} kann angenähert gleich der Wassertemperatur t_H angenommen werden. Die Wassergeschwindigkeit w ist in m/s einzusetzen.)

3,324 Ermittlung des Rohrabstandes und des Rohrdurchmessers

Wird der Rohrdurchmesser (d_a) festgelegt, dann ergibt sich der notwendige Rohrabstand (l) bei zuvor aus dem Wärmebedarf des Raumes (Q) errechneter mittlerer Decken- oder Wandflächentemperatur (t_{m_D}) (siehe Abschnitt 3,325) aus:

I. Über und unter der Decke gleiche Lufttemperaturen

$$\text{(79)} \qquad l = d_a + 2\sqrt{\frac{\lambda\, d_a}{\varkappa_b + \varkappa_c}}\ \ln\left(\frac{2\,(t_H - t_L)}{3\,(0{,}95\,t_{m_D} - t_L)\,(1 + (\alpha/\Lambda)_c) - (t_H - t_L)}\right.$$
$$\left. + \sqrt{\frac{4\,(t_H - t_L)^2}{[3\,(0{,}95\,t_{m_D} - t_L)\,(1 + (\alpha/\Lambda)_c) - (t_H - t_L)]^2} - 1}\ \right) \text{m}$$

oder mittels einer Area-Kosinus-Tabelle

$$\text{(79 a)} \qquad l = d_a + 2/m \cdot \mathfrak{Ar}\,\mathfrak{Cof}\left(\frac{2\,(t_H - t_L)}{3\,(0{,}95\,t_{m_D} - t_L)\,(1 + (\alpha/\Lambda)_c) - (t_H - t_L)}\right) \text{m}$$

II. Über und unter der Decke verschiedene Lufttemperaturen

$$\text{(80)} \qquad l = d_a + 2/m \cdot \ln\left(\frac{2\,(t_H - t_L) + 2\,K\,(t_L - t_A)}{3\,(0{,}95\,t_{m_D} - t_L)\,(1 + (\alpha/\Lambda)_c) + 2\,K\,(t_L - t_A) - (t_H - t_L}\right.$$
$$\left. + \sqrt{\frac{[2\,(t_H - t_L) + 2\,K\,(t_L - t_A)]^2}{[3\,(0{,}95\,t_{m_D} - t_L)\,(1 + (\alpha/\Lambda)_c) + 2\,K\,(t_L - t_A) - (t_H + t_L)]^2} - 1}\ \right) \text{m}$$

oder

$$\text{(80 a)} \qquad l = d_a + 2/m \cdot \mathfrak{Ar}\,\mathfrak{Cof}\left(\frac{2\,(t_H - t_L) + 2\,K\,(t_L - t_A)}{3\,(0{,}95\,t_{m_D} - t_L)\,(1 + (\alpha/\Lambda)_c) + 2\,K\,(t_L - t_A) - t_H + t_L}\right) \text{m}$$

(Will man mit den Briggsschen Logarithmen rechnen, so ist in den vorstehenden Gleichungen 4,604 lg zu setzen, anstatt 2 ln.) Hat man nun den Rohrabstand (l) mit 0,95 t_{m_D} bestimmt, dann ist aus den Gleichungen (67) bzw.

(74) t_{m_a} zu berechnen. Weicht dieser Zahlenwert für t_{m_a} von dem Wert 0,95 t_{m_D} ab (> ± 1,5° C), dann ist in den Gleichungen (79), (79a) bzw. (80a) der Zahlenwert von t_{m_a} für 0,95 t_{m_D} einzusetzen und der Rohrabstand (l) erneut zu bestimmen.

Die Auswertung der Gleichungen ist verhältnismäßig einfach, da nur Temperaturdifferenzen und Materialkonstanten auftreten, die sich teilweise wiederholen.

Für den Sonderfall der Sonneneinstrahlung bei Kühlung lautet die Gleichung

$$(81)\quad l = d_a + 2/m \cdot \mathfrak{Ar\,Cof}\left(\frac{2\,(t_K - t_L) + 2\,K\,(t_L - t_A - \varepsilon\,J/\alpha_b)}{3\,(0{,}95\,t_{m_D} - t_L)\,(1 + (\alpha/\Lambda)_c) + 2\,K\,(t_L - t_A - \varepsilon J/\alpha_b) - t_K + t_L}\right)\ \mathrm{m}$$

In gleicher Weise wie bei (3,322) angegeben, kann auch hier die Außenwandtemperatur t_{W_a} eingesetzt werden.

Die Gleichungen (79) bis (81) lassen sich nach dem Rohrdurchmesser d_a auflösen, wenn man statt des Rohrabstandes (l) von Mitte zu Mitte Rohr den Abstand (z), d. i. der zwischen den Rohren (Bild 27), einführt. Man erhält damit

$$(82)\qquad d_a = \frac{\varkappa_b + \varkappa_c}{4\,\lambda}\left(\frac{z}{\mathfrak{Ar\,Cof}\,x}\right)\ \mathrm{m}$$

x ist hierin der Klammerausdruck, wie er zuvorstehend in den Gleichungen (79a), (80a) und (81) eingeführt wurde. Statt $\mathfrak{Ar\,Cof}\,x$ kann auch wieder der logarithmische Wert $\ln(x + \sqrt{x^2 - 1})$ eingesetzt werden.

3,325 Die Wärmeübergangszahlen für die Decke, den Fußboden oder die Wand

Der Wärmebedarf des Raumes (Q) ist durch die obigen erwärmten Wandflächen aufzubringen.

Es gilt hierfür die bekannte Grundgleichung (im Beharrungszustand)

$$Q = \alpha_{\mathrm{ges}}\,F\,(t_{m_D} - t_L)\ \mathrm{kcal/h}$$

Die Wärmeübergangszahl (α_{ges}) ist aus der Wärmeübergangszahl für Konvektion (α_{Konv}) und der für Strahlung (α_{Str}) zusammengesetzt. (Die einfache Addition ist stets möglich, wenn die Temperaturen für beide Wärmeübertragungsarten auf gleicher Höhe liegen.)

Es ist also $\alpha_{\mathrm{ges}} = \alpha_{\mathrm{Konv}} + \alpha_{\mathrm{Str}}$ kcal/m² h° C.

Die Wärmeübergangszahl für Strahlung ergibt sich aus den Gleichungen (10), (13) und (13a) zu

$$\alpha_{\mathrm{Str}} = \frac{C_D \cdot C_{Wm}}{C_S} \cdot \frac{(T_{m_D}/100)^4 - (T_{Wm}/100)^4}{t_{m_D} - t_{Wm}}\ \mathrm{kcal/m^2\,h^\circ\,C}$$

Die mittlere Wandtemperatur t_{Wm} der Wände (mit Außenwand und ohne die betrachtete Heizdecke oder -wand, jedoch mit den übrigen beheizten Wänden bei der ausgedehnten Flächenheizung) kann etwa 1 bis 3° C kleiner bis höchstens gleich der Lufttemperatur (t_L) gesetzt werden.
Die genaue Bestimmung der mittleren Wandtemperatur des Raumes ist mit den mittleren Einstrahlzahlen möglich. Es sind hiermit die mittleren Wandtemperaturen der Einzelflächen zu bestimmen (Abschnitt 2,31 und 3,2, siehe auch 0,224 S. 168, 184 und 194). In diesem Fall ist die Strahlungswärme und die Konvektionswärme getrennt zu ermitteln und zu addieren (anstatt $\alpha_{Str} + \alpha_{Konv}$).
Die Wärmeübergangszahlen für Konvektion (α_{Konv}) ergeben sich aus den Nusselt-Henckyschen Gleichungen

(83) für den Fußboden zu $\alpha_{Konv} = 2{,}8\sqrt{tm_{FB} - t_L}$ kcal/m² h° C

(84) für die senkrechte Wand zu $\alpha_{Konv} = 2{,}2\sqrt{tm_W - t_L}$ kcal/m² h° C

Für die Decke mit dem Wärmeübergang von oben nach unten (und ausgedehnter, beheizter Fläche) kann, bis genauere Versuchswerte vorliegen, die Gleichung

(85) $\alpha_{Konv} = 1{,}0\sqrt{tm_D - t_L}$ kcal/m² h° C

benutzt werden.
Für die Praxis kann man in erster Annahme folgende Werte verwenden (für $t_L = t_{Wm} = 18°$ C).

Deckenheizung:	$t_{m_D} = 50°$C,	$\alpha_{ges} = 7{,}6$ kcal/m²h° C
	,, $= 45°$C,	,, $= 7{,}4$ kcal/m²h° C
	,, $= 40°$C,	,, $= 7{,}1$ kcal/m²h° C
	,, $= 35°$C,	,, $= 6{,}8$ kcal/m²h° C
	,, $= 30°$C,	,, $= 6{,}5$ kcal/m²h° C
Wandheizung:	$t_{mW} = 50°$C,	,, $= 9{,}8$ kcal/m²h° C
	,, $= 45°$C,	,, $= 9{,}5$ kcal/m²h° C
	,, $= 40°$C,	,, $= 9{,}2$ kcal/m²h° C
	,, $= 35°$C,	,, $= 8{,}8$ kcal/m²h° C
	,, $= 30°$C,	,, $= 8{,}4$ kcal/m²h° C
Fußbodenheizung:	$t_{mFB} = 26°$C,	,, $= 8{,}9$ kcal/m²h° C

Die Wärmeabgabe auf 1 m² Heizfläche der Decke, des Fußbodens oder der Wand bezogen ist

$$q = \alpha_{ges}(t_m - t_L) \text{ kcal/m}^2\text{ h}$$

Auf 1 m eingebautes Rohr bezogen [die Wärmemenge q ist in diesem Fall von unten (Decke) und oben (Fußboden oder Dach) zu nehmen]

(86) $$q_R = l \cdot q \quad \text{bzw.} \quad q_R = q/n \ \text{kcal/m h}$$

wenn n die Anzahl Rohre je m² ist ($n = 1/l$).

3,326 Die Bedeutung der Buchstaben und Indizes in den zuvorstehenden Gleichungen mit Bild 27

t Temperatur in °C, T Temperatur in °K $= t + 273$° C
a, b, c senkrechte Abstände der Rohre innerhalb der Decke in m,
$l, z, l/2$ waagrechte Abstände der Rohre innerhalb der Decke in m,
d Rohrdurchmesser in m,
α Wärmeübergangszahl in kcal/m²h° C,
λ Wärmeleitzahl in kcal/m h° C (zwischen den Rohren),
$\varkappa$ Wärmeüberleitzahl in kcal/m²h° C [z. B. $\varkappa_c = 1/(1/\alpha_c + c/\lambda_c)$]
Λ Wärmedurchlässigkeit in kcal/m²h° C [z. B. $\Lambda_c = \lambda_c/c$]

Kennzahl der Decke $m = \sqrt{(\varkappa_b + \varkappa_c)/\lambda d_a}$ (m⁻¹)
Reziproker Hyperbelkosinus $M = 1/\mathfrak{Cof}\{^1/_2 m (l - d_a)\}$
Faktor der Temperaturverschiedenheit $K = \varkappa_l/(\varkappa_b + \varkappa_c)$

Indizes: A Außenluft, B Beton, D Decke, FB Fußboden, H Heizwasser, K Kühlwasser, L Raumluft, R Rohr, W Wand, a, b, c zu den Rohrabständen gehörend, a außen, i innen, m mittlere.

3,33 Die Kühlleistung der Deckenfläche

Die Deckenheizfläche soll für den **Heizbetrieb** (Winter) mit folgenden gebräuchlichen Werten berechnet und ausgeführt werden: $^1/_2$'' Rohre, 15 cm Rohrabstand (l), 6,66 m Rohr je m², Kennzahl der Decke $m = 20{,}8$, $t_H = 55$° C, $t_{mD} = 42$° C, $1/\mathfrak{Cof}\,(m\,z/2) = 2{,}06$, Heizungsvorlauftemperatur 60° C, Rücklauftemperatur 50° C, Wärmeabgabe der Deckenheizfläche $q_D = 170$ kcal/m²h, der Fußbodenheizfläche $q_{FB} = 50$ kcal/m²h, Gesamtwärmeabgabe nach dem Raum 2400 kcal/h (37,5 kcal/m³), Raumlufttemperatur 18° C, Wärmeabgabe je m Heizrohr 220/6,66 = 33 kcal/mh, Wasserdurchlaufmenge damit 3,3 lt/mh. Für die **Kühlung** (Sommer) werden mittlere Kühlwassertemperaturen von $t_K = 12$, 13, 14, 15 und 16° C angenommen. Mit $\alpha_c = 7$ kcal/m²h° C und $\alpha_b = 5$ kcal/m²h° C nach DIN 4701 erhält man mit Gleichung (71) nach (3,322) die Zahlenwerte der Kühlleistungen.

Zahlenwerte der Kühlleistungen

t_K °C	Δt_K °C	t_m °C	t_i °C	q_1 kcal/m²h	q_2 kcal/m²h	Q_1 kcal/h	Q_{1+2} kcal/h
16	2,6	19,7	26	44	13,5	615	805
15	2,9	19,1	26	48,5	15	680	890
14	3,1	18,5	26	52,5	16,3	735	960
13	3,4	17,8	26	57	17,4	795	1040
12	3,6	17,3*)	26	61	18,8	850	1110

Δt_K = Temperaturgefälle des Kühlwassers

q_1 = Kühlleistung nach dem unteren Raum von der Decke aus

q_2 = Kühlleistung nach dem oberen Raum (gegebenenfalls auch unteren Raum) vom Fußboden aus.

Bei Wandregistern (*AW* Westseite) würde sich nach der Gl. (76) unter (**3,322**) für $t_K = 16°$C errechnen:

$$\Delta t_K = 4{,}0°\,\mathrm{C}, \quad t_m = 21{,}3°\,\mathrm{C}, \quad q_1 = 33\ \mathrm{kcal/m^2h}, \quad q_2 = 54{,}5\ \mathrm{kcal/m^2h},$$

$$q_{1+2} = 87{,}5\ \mathrm{kcal/m^2h}$$

Die Auswertung der zuvor aufgestellten Tabellen ergibt nun folgendes Bild:

3,331 Gegenüberstellung von Sonneneinstrahlung, Wärmedurchgang und Kühlleistung

In den Raum eindringende Wärme		Kühlleistung der Deckenfläche	
$\alpha = 20$ kcal/m²h°C	$Q_{AW} + Q_{Fe} = 355 + 365 = 720$ kcal/h	$t_K = 16°$ C	$Q_1 = 805$ kcal/h
$\alpha = 15$ kcal/m²h°C	$Q_{AW} + Q_F = 435 + 460 = 895$ kcal/h	$t_K = 15°$ C	$Q_1 = 890$ kcal/h
		$t_K = 14°$ C	$Q_1 = 960$ kcal/h
		$t_K = 13°$ C	$Q_1 = 1040$ kcal/h

Bevor in eine Betrachtung dieser Ergebnisse eingetreten wird, sollen mit den Einstrahlzahlen von den einzelnen Wandflächen auf die Kühlfläche die Strahlungsverluste ermittelt werden.
Es ist

(9 b) $$Q_{\mathrm{Str}} = \varphi_1 \cdot b \cdot C \cdot F_1 (t_1 - t_2)\ \mathrm{kcal/h}$$

damit erhält man für die Wände (mit $\alpha_a = 15$ kcal/m²h°C, $t_K = 13°$C)

---

*) Unter diesen Wert zu gehen, ist mit Rücksicht auf den Feuchtigkeitsniederschlag n i c h t anzuraten.

$$Q_{AW} = 0{,}125 \cdot 1{,}06 \cdot 4{,}1 \cdot 11\,(31{,}5 - 17{,}8) = 82 \text{ kcal/h}$$
$$Q_{Fe} = 0{,}187 \cdot 1{,}09 \cdot 4{,}1 \cdot 5\,(37{,}8 - 17{,}8) = 85 \text{ kcal/h}$$
$$Q_{JW} = 0{,}194 \cdot 1{,}03 \cdot 4{,}1 \cdot 16\,(26 - 17{,}8) = 108 \text{ kcal/h}$$
$$Q_{Se} = 2 \cdot 0{,}18 \cdot 1{,}03 \cdot 4{,}1 \cdot 16\,(26 - 17{,}8) = 200 \text{ kcal/h}$$
$$Q_{FB} = 0{,}177 \cdot 1{,}03 \cdot 4{,}1 \cdot 16\,(26 - 17{,}8) = 98 \text{ kcal/h}$$
$$Q_{\text{Str}} = 572 \text{ kcal/h}$$

$$q_{\text{Str}} = Q_{\text{Str}}/F_K = 572/14 = 41 \text{ kcal/m}^2\text{h}$$

Die Wärmeübergangszahl durch Konvektion an der Decke (waagrechte Wand) ermittelt sich für freie Strömung bei Wärmeübergang von unten nach oben aus der Gleichung (s. 0,224 S. 56)

(87) $$\alpha_{\text{Konv}} = 1{,}2 \cdot 0{,}48 \frac{\lambda}{h} \sqrt{Gr} = \text{rd. } 2 \text{ kcal/m}^2\text{h}^\circ\text{C}$$

(Für leicht beunruhigte Luft sind um 10% höhere Werte zulässig.)
Die Gesamtwärmemenge ist also mit $Q_{\text{Konv}} = 2{,}2 \cdot 14\,(26 - 17{,}8) = 250$ kcal/h

$$Q_{\text{ges}} = Q_{\text{Str}} + Q_{\text{Konv}} = 572 + 250 = \text{rd. } 820 \text{ kcal/h } (59 \text{ kcal/m}^2\text{h})$$

Die mittlere Wandtemperatur ist

$$t_{W_m} = \frac{11 \cdot 31{,}8 + 5 \cdot 37{,}8 + 16 \cdot 26 + 32 \cdot 26 + 16 \cdot 26}{11 + 5 + 16 + 32 + 16} = 28{,}7^\circ \text{C}$$

Damit wird die Wärmeübergangszahl für Strahlung

$$\alpha_{\text{Str}} = 41/(28{,}7 - 17{,}8) = 4{,}55 \text{ kcal/m}^2\text{h}^\circ\text{C}$$

Die Wärmeübergangszahl für Konvektion wird demnach $\alpha_{\text{Konv}} = 7 - 4{,}55 = 2{,}45$ kcal/m²h°C, sofern der DIN 4701-Wert gelten soll.

3,34 Die Schlußfolgerung für die Raumkühlung durch Deckenrohrregister

Die Ergebnisse der zuvorstehenden Abschnitte lassen die Folgerung zu, daß die Deckenheizung für Kühlzwecke im Sommer wohl in der Lage ist, für europäische Verhältnisse eine ausreichende Kühlwirkung zu erreichen. Voraussetzungen hierfür sind natürlich gewisse bauliche Vorkehrungen, wie zum Beispiel die Anordnung von Jalousien, nicht zu hohe mittlere Heizflächentemperaturen (nicht über 35 bis 40° C) und keine besonderen Wärmequellen im Raum durch Maschinen, Beleuchtung und viele Menschen. Zu tiefe Kühlwassertemperaturen sind wegen der gegebenenfalls auftretenden Wasserniederschläge nicht anzuwenden. Durch die größere ebene Kühlfläche mit geringen Luftgeschwindigkeiten und bei einem zweckmäßigen Verputz braucht man bei normal benützten Wohnräumen keine besonderen Befürchtungen zu haben. (Siehe hierzu auch „Klimatechnik" von K. R. Rybka, Verlag R. Oldenbourg, München 1937, S. 49 und 50, sowie i-x-Diagramm S. 43.)

3,4 Strahlungsaustausch im Kühlkanal eines keramischen Brennofens

Heiligenstaedt (3) brachte das folgende Beispiel für die Berechnung des Strahlungsaustausches mit Hilfe der Flächenteilchenstrahlung in einem Durchlaufofen.

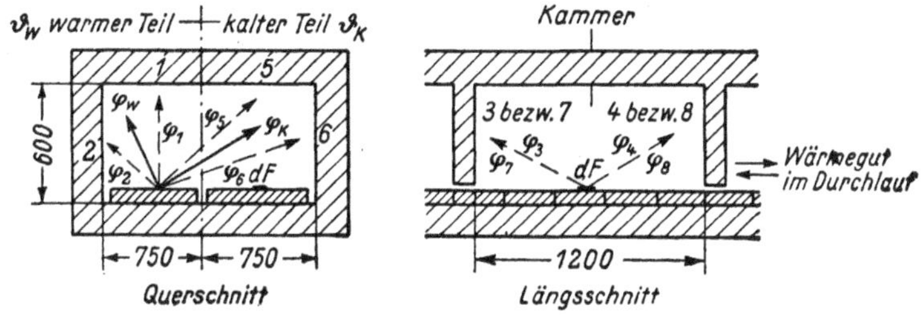

Bild 28. Strahlungsaustausch im Kühlkanal eines keramischen Brennofens

3,41 Berechnung nach Heiligenstaedt (Auszug)

Wenn die mittlere Ofentemperatur im warmen Teil ϑ_w und im kalten Teil ϑ_k sind, so ist die vom warmen Einsatz abgestrahlte Wärmemenge (s. Bild 28)

$$\text{(a)} \qquad q = \varphi_w C \left[\left(\frac{\Theta_{Ew}}{100} \right)^4 - \left(\frac{\Theta_w}{100} \right)^4 \right] + \varphi_k C \left[\left(\frac{\Theta_{Ew}}{100} \right)^4 - \left(\frac{\Theta_k}{100} \right)^4 \right] \text{ kcal/m}^2\text{h}$$

φ_w setzt sich zusammen aus der Strahlung des Wärmegutes nach den vier abgrenzenden Wänden, nämlich dem Gewölbeteil 1, der Außenwand 2 und den beiden Trennwandhälften 3 und 4, φ_k aus der Strahlung nach den Wänden über dem kälteren Einsatz, dem Gewölbeteil 5, der Außenwand 6 und den beiden Trennhälften 7 und 8.

Es ist somit $\varphi_w = \varphi_1 + \varphi_2 + \varphi_3 + \varphi_4$ und $\varphi_k = \varphi_5 + \varphi_6 + \varphi_7 + \varphi_8$, da der Raum durch die Trennwände völlig abgegrenzt ist, muß $\varphi_w + \varphi_k = 1$ sein. Die auf den kälteren Einsatz eingestrahlte Wärmemenge kommt teils aus dem kälteren, teils aus dem wärmeren Ofenteil und ist

$$\text{(b)} \qquad q = \varphi_k C \left[\left(\frac{\Theta_w}{100} \right)^4 - \left(\frac{\Theta_{Ek}}{100} \right)^4 \right] + \varphi_w C \left[\left(\frac{\Theta_k}{100} \right)^4 - \left(\frac{\Theta_{Ek}}{100} \right)^4 \right] \text{ kcal/m}^2\text{h}$$

In dieser Formel sind φ_k und φ_w, die ja geometrische Größen sind, auf die Mitte des kälteren Einsatzes bezogen. Sie haben wegen der geometrischen Gleichheit der Verhältnisse den gleichen Wert wie in der ersteren Formel (a), wo sie auf die Mitte des warmen Einsatzes bezogen sind.

Eine weitere Bedingung ist die, daß die von dem warmen Ofenteil abgegebene

Wärme in den kalten Ofenteil eingestrahlt werden muß. Diese Wärmemenge wird nur zum Teil unmittelbar auf den kalten Einsatz mit

$$\varphi_k C\,[(\Theta_w/100)^4 - (\Theta_{Ek}/100)^4]\ \text{kcal/m}^2\,\text{h}$$

übertragen. Der übrige Teil wird von Raum zu Raum abgestrahlt.
Es ist

$$\text{(c)}\quad \varphi_w \cdot C\left[\left(\frac{\Theta_{Ew}}{100}\right)^4 - \left(\frac{\Theta_w}{100}\right)^4\right] - \varphi_k C\left[\left(\frac{\Theta_w}{100}\right)^4 - \left(\frac{\Theta_{Ek}}{100}\right)^4\right] = C\cdot f\left[\left(\frac{\Theta_w}{100}\right)^4 - \left(\frac{\Theta_k}{100}\right)^4\right]$$

f ist die Durchgangsfläche der Strahlung vom warmen zum kalten Ofenteil, geteilt durch die Oberfläche der abstrahlenden Oberfläche. Aus den drei Gleichungen mit den Unbekannten q, ϑ_w und ϑ_k errechnet sich

$$\left(\frac{\Theta_k}{100}\right)^4 = \left(\frac{\Theta_{Ew}}{100}\right)^4 \frac{f+\varphi_k}{1+2f} + \left(\frac{\Theta_{Ek}}{100}\right)^4 \frac{f+\varphi_w}{1+2f}$$

$$\left(\frac{\Theta_w}{100}\right)^4 = \left(\frac{\Theta_{Ew}}{100}\right)^4 \frac{f+\varphi_w}{1+2f} + \left(\frac{\Theta_{Ek}}{100}\right)^4 \frac{f+\varphi_k}{1+2f}$$

$$q = C\,\frac{2\,\varphi_w \cdot \varphi_k + f}{1+2f}\left[\left(\frac{\Theta_{Ew}}{100}\right)^4 - \left(\frac{\Theta_{Ek}}{100}\right)^4\right]$$

Die Berechnung der φ-Werte nach Bild 28 ist

$\varphi_1 = 4 \cdot 0{,}103 = 0{,}412 \qquad \varphi_2 = 2 \cdot 0{,}110 = 0{,}220 \qquad \varphi_3 = \varphi_4 = 2 \cdot 0{,}041 = 0{,}082$

$$\varphi_w = \varphi_1 + \varphi_2 + \varphi_3 + \varphi_4 = \sim 0{,}79$$

$\varphi_5 = 2 \cdot 0{,}163 + \frac{\varphi_1}{2} - \varphi_1 = 0{,}120 \qquad \varphi_6 = 2 \cdot 0{,}015 = 0{,}030$

$\varphi_7 = \varphi_8 = 0{,}070 + \frac{\varphi_3}{2} - \varphi_3 = 0{,}029 \qquad \varphi_k = \varphi_5 + \varphi_6 + \varphi_7 + \varphi_8 = \sim 0{,}21$

Der Durchschnittsquerschnitt der Strahlung ist $0{,}6 \cdot 1{,}2$ m. Ebenso groß ist die Oberfläche des Wärmegutes. Also ist $f = 1$. Die Strahlungszahl C wurde zu 4 kcal/m²h (°K)⁴ angenommen. Damit wird $\vartheta_k = 721°$ C, $\vartheta_w = 790°$ C, $q = 27\,000$ kcal/m²h. Eine Erhöhung des Gewölbes von 0,6 m auf 0,8 m würde den Strahlungsaustausch nur unwesentlich verbessern (von 44,4 % auf 46,5 %).

3,42 Ermittlung der Einstrahlzahlen

Die Einstrahlzahlen von dem mittleren Flächenteilchen (dF) des mittelsten Einsatzes auf der Mitte einer Bahn sind jeweils durch Unterteilung der angestrahlten Wandfläche in zwei oder vier Rechtecke, deren Eckpunkte lotrecht oder waagrecht über dem Flächenteilchen liegen, auf Grund des Additionsgesetzes ermittelt worden und können im Ansatz daher auch sofort mit $-\varphi_1/2$ anstatt $+\varphi_1/2 - \varphi_1$ geschrieben werden.

Die Flächenanordnung im Raum ist gemäß Bild 29. Die Maße b und h stimmen mit Bild 28 nicht ganz überein. Es müßte $h = 0{,}6$ m sein, und zwar um die Höhe des Einsatzgutes und $b = 1{,}5$ m. Da aber der Originalrechnung diese Kammermaße zugrunde liegen, sollen sie beibehalten werden. Weiterhin wird in den folgenden Berechnungen die Breite $b = 2 \cdot h = 1{,}2$ m eingesetzt, um auf die Tabellenwerte (2,22) zurückgreifen zu können. (Die Kammerbreite wurde also gleich der Breite des warmen plus kühleren Einsatzgutes gesetzt, d. h. ohne Berücksichtigung der Spaltbreiten. Das Ergebnis wird dadurch nur unwesentlich (nach unten) beeinträchtigt, die Berechnung durch die hierdurch gegebene Symmetrie ($F_{EW} = F_{EK} = F_1 = F_2 = F_5 = F_6 = F_{3+7} = F_{4+8}$) nicht unwesentlich erleichtert.

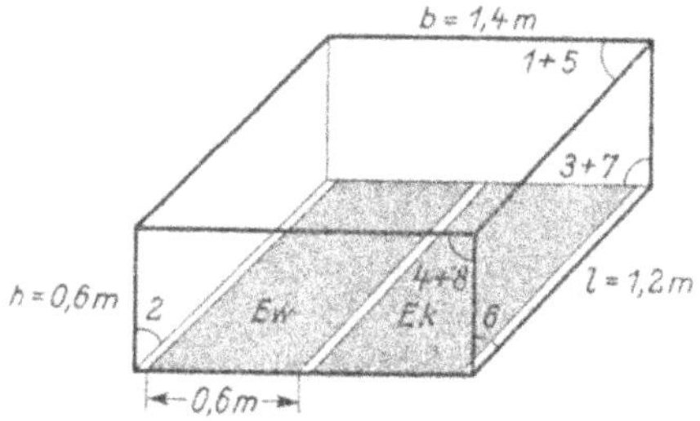

Bild 29. Flächenstrahlung im Kühlkanal
F_{EW} – Oberfläche des warmen Einsatzes
F_{EK} – Oberfläche des kühleren Einsatzes
F_W, F_K – Oberfläche der wärmeren bzw. kühleren Kammerhälfte

Die mittleren Einstrahlzahlen für die Flächenstrahlung ergeben sich nach Bild 28 und aus der Tabelle (2,22) für a, $h = 1$ und $b = 2$ (a, $h = 0{,}6$ und $b = 1{,}2$). Es gelten ferner die Einzel- und Summengesetze (2,41 und 2,42). Die Einstrahlzahlen können auch mittels der gegebenen Formeln (1,3 bzw. 1,5) bestimmt werden.

Die Strahlung des heißen Einsatzgutes EW auf die Wandfläche 1 hat demnach die mittlere Einstrahlzahl $\varphi_{(EW\to 1)} = 0{,}292$, auf die Wandfläche 2 ist $\varphi_{(EW\to 2)} = 0{,}240$ und auf die Wandfläche 3 bzw. 4, $\varphi_{(EW\to 3)} = 0{,}116$. Die gleichen Zahlenwerte gelten für die Strahlung von dem kühleren Ofenteil K auf den kühleren Einsatz EK, demnach $\varphi_{(5\to EK)} = 0{,}292$, $\varphi_{(6\to EK)} = 0{,}240$ und $2\varphi_{(7\text{ bzw. }8\to EK)} = 0{,}232$. Die Summe der Einstrahlzahlen der Fläche EW auf die Gesamtkammer $W + K$ nach Bild 29 ist gemäß dem Summengesetz (2,42), Satz 2, $\varphi_{(EW\to 1\text{ bis }8)} = 1$. (Die Summe der Einstrahlzahlen auf den Einsatz EK ist dagegen nach Satz 4 $\varphi_{(1\text{ bis }8\to EK)} = (0{,}72/1{,}44) \cdot (7{,}2/4{,}32) = 0{,}835$). Die Einstrahlzahl $\varphi_{(EW\to W)}$ ist nun $\varphi_{(EW\to 1)} + \varphi_{(EW\to 2)} + 2\varphi_{(EW\to 3)} = 0{,}292 + 0{,}240 + 2 \cdot 0{,}116 = 0{,}764$. Die Einstrahlzahl $\varphi_{(EW\to K)}$ ist entweder aus den Einzelgliedern $\varphi_{(EW\to 5)} = \varphi_{(EW\to 6)} + 2\varphi_{(EW\to 7)} = 0{,}124 + 0{,}050 + 0{,}062 = 0{,}236$ zu bestimmen oder auch sofort mit $1 - 0{,}764 = 0{,}236$ (s. Bild 29) zu erhalten.

Für die weiteren Einstrahlzahlen werden nun, nachdem der Berechnungsweg vorstehend erläutert wurde, die Zahlenwerte sofort genannt.

$$\varphi_{(1\to EK)} = \varphi_{(EW\to 5)} = 0{,}124, \qquad \varphi_{(2\to EK)} = \varphi_{(EW\to 6)} = 0{,}050,$$

$$\varphi_{(3\to EK)} = 2\varphi_{(EW\to 7)} = 0{,}0615, \qquad \varphi_{(1\to 6)} = \varphi_{(2\to 5)} = 0{,}050,$$

$$\varphi_{(1\to 7)} = 0{,}5 \cdot \varphi_{(3\to 5)} = 0{,}031, \qquad \varphi_{(2\to 6)} = 0{,}115,$$

$$\varphi_{(2\to 7)} = 0{,}5 \cdot \varphi_{(3\to 6)} = 0{,}034, \qquad \varphi_{(3\to 8)} = \varphi_{(4\to 7)} = 0{,}043$$

Mit diesen Zahlen wird $\varphi_{(W\to EK)} = 0{,}236$, $\varphi_{(K\to EK)} = 0{,}764$ und $\varphi_{(W\to K)} = 0{,}517$ (nicht gleich 1!).

3,43 Berechnungsvorgang bei der Flächenstrahlung

Die Wärmebilanzgleichung ist

$$q_{EW} - (q_{EK} + q_{\text{verl}}) = 0$$

Die Wärmeverluste sollen ebenfalls unberücksichtigt bleiben, d. h. demnach $q_{\text{verl}} \doteq 0$. (Praktisch betragen diese etwa 400 kcal/m² Oberfläche der Kammer, das wären rd. 1700 kcal/h.)

Nun ist die

(a) Abgabewärme des warmen Einsatzgutes EW: $q_{(EW\to W)} + q_{(EW\to K)} = q_{EW}$

(b) Aufnahmewärme des kühleren Einsatzgutes EK: $q_{(W\to EK)} + q_{(K\to EK)} = q_{EK}$

Es gilt ferner für den Wärmeaustausch der verschieden hoch erwärmten Wandflächen innerhalb der Kammer

(c) $$q_{(EW\to W)} = q_{(W\to EK)} + q_{(W\to K)}$$

(Die Gleichungen berücksichtigen nicht die Reflexionsverhältnisse [Rückstrahlungen]. Bei hohen Absorptionsverhältnissen, die hier durch die Strahlungszahlen der Flächen von $C_F = 4{,}45$ kcal/m²h (°K)⁴ und den Temperaturen von $\vartheta_{EW} = 900°$ C, $\vartheta_{EK} = 500°$ C gegeben sind, kann bei der praktischen Berechnung hierauf verzichtet werden.) Mit den zuvor ermittelten Einstrahlzahlen und der Strahlungszahl des Wärmeaustausches $C = 4{,}45^2/4{,}96 = 4$ kcal/m²h (°K)⁴ ergibt sich nun folgender Berechnungsgang:

(a) $$(\Theta_{EW}/100)^4 \,[\varphi_{(EW\to 1)}\{1 - (\Theta_1/\Theta_{EW})^4\} + \varphi_{(EW\to 2)}\{1 - (\Theta_2/\Theta_{EW})^4\} + 2\varphi_{(EW\to 3)}\{1 - (\Theta_3/\Theta_{EW})^4\} + \varphi_{(EW\to 5)}\{1 - (\Theta_5/\Theta_{EW})^4\} + \varphi_{(EW\to 6)}\{1 - (\Theta_6/\Theta_{EW})^4\} + 2\varphi_{(EW\to 7)}\{1 - (\Theta_7/\Theta_{EW})^4\}] = q/(C F_{EW})$$

(b) $$(\Theta_{EK}/100)^4 \,[\varphi_{(1\to EK)}\{(\Theta_1/\Theta_{EK})^4 - 1\} + \cdots \text{ sinngemäß wie (a)} \ldots + \varphi_{(7\to EK)}\{(\Theta_7/\Theta_{EK})^4 - 1\}] = q/(C F_{EW})$$

(c) $$(\Theta_{EW}/100)^4 \{\text{1 bis 3. Glied wie bei (a)}\} - (\Theta_{EK}/100)^4 \{\text{1 bis 3. Glied wie bei (b)}\}$$
$$= [\varphi_{(1\to 6)}\{(\Theta_1/100)^4 - (\Theta_6/100)^4\} + 2\varphi_{(1\to 7)}\{(\Theta_1/100)^4 - (\Theta_7/100)^4\} + \varphi_{(2\to 5)}\{(\Theta_2/100)^4 - (\Theta_5/100)^4\} + \varphi_{(2\to 6)}\{(\Theta_2/100)^4 - (\Theta_6/100)^4\} + 2\varphi_{(2\to 7)}\{(\Theta_2/100)^4 - (\Theta_7/100)^4\} + \varphi_{(3\to 5)}\{(\Theta_3/100)^4 - (\Theta_5/100)^4\} + \varphi_{(3\to 6)}\{(\Theta_3/100)^4 - (\Theta_6/100)^4\} + \varphi_{(3\to 8)}\{(\Theta_3/100)^4 - (\Theta_8/100)^4\}]$$

Die Gleichungen können nun mit $\Theta_m \sum (\varphi) = \sum (\varphi\, \Theta)$ auf die folgende Form gebracht werden:

$$\text{(a)} \quad (\varphi_{EW,1} + \varphi_{EW,2} + 2\varphi_{EW,3})\,[(\Theta_{EW}/100)^4 - (\Theta_W/100)^4]$$
$$+ (\varphi_{EW,5} + \varphi_{EW,6} + 2\varphi_{EW,7})\,[(\Theta_{EW}/100)^4 - (\Theta_K/100)^4] = q/(CF_{EW})$$

sinngemäß sind (b) und (c) anzuschreiben.
In weiterer Vereinfachung wird damit und gleichzeitig (a) = (b) gesetzt (Wärmebilanz):

$$\text{(a), (b)} \quad \varphi_{(EW\to W)}[(\Theta_{EW}/100)^4 - (\Theta_W/100)^4] + \varphi_{(EW\to K)}[(\Theta_{EW}/100)^4 - (\Theta_K/100)^4]$$
$$= \varphi_{(W\to EK)}[(\Theta_W/100)^4 - (\Theta_{EK}/100)^4] + \varphi_{(K\to EK)}[(\Theta_K/100)^4 - (\Theta_{EK}/100)^4]$$
$$\text{(c)} \quad \varphi_{(EW\to W)}[(\Theta_{EW}/100)^4 - (\Theta_W/100)^4] - \varphi_{(W\to EK)}[(\Theta_W/100)^4 - (\Theta_{EK}/100)^4]$$
$$= \varphi_{(W\to K)}[(\Theta_W/100)^4 - (\Theta_K/100)^4]$$

und mit den Zahlenwerten erhält man dann

$$\text{(a), (b)} \quad 0{,}76\,\{18\,930 - (\Theta_W/100)^4\} + 0{,}24\,\{18\,930 - (\Theta_K/100)^4\}$$
$$= 0{,}24\,\{(\Theta_W/100)^4 - 3570\} + 0{,}76\,\{(\Theta_K/100)^4 - 3570\}$$
$$\text{(c)} \quad 0{,}76\,\{18\,930 - (\Theta_W/100)^4\} - 0{,}24\,\{(\Theta_W/100)^4 - 3570\}$$
$$= 0{,}52\,\{(\Theta_W/100)^4 - (\Theta_K/100)^4\}$$

Als Endergebnis ergibt sich für $\vartheta_W = 800°$ C und für $\vartheta_K = 710°$ C.
Es ist dies also ein um 20° C größerer Temperaturunterschied zwischen der warmen und kühleren Kammerhälfte als nach der Berechnung mit der Flächenteilchenstrahlung.
Die mittlere Temperatur der Gesamtkammer ist

$$\vartheta_m = \frac{800 - 710}{\ln \dfrac{800 + 273}{710 + 273}} - 273 = 767°\,\text{C}$$

$$(\text{mit } {}^1/_2\,\{(\Theta_W/100)^4 + (\Theta_K/100)^4\} = 756°\,\text{C})$$

Die Wärmeabgabe des warmen Einsatzgutes ist

$$q = 19\,400 \text{ kcal/h } (27\,000 \text{ kcal/m}^2\text{h})$$

Berücksichtigt man die Wärmeverluste, so erhält das kühlere Einsatzgut 19400 − 1700 = 17700 kcal/h, und der Wirkungsgrad der Wärmeübertragung ist damit $\eta = 17\,700/19\,400 = 0{,}91$.
Bei Wärmeaustausch paralleler Flächen (ohne seitliche Verluste) würde man eine Wärmeabgabe von $q = 4 \cdot 0{,}72\,(18930 - 3570) = 44\,800$ kcal/h erhalten.
Damit ist also der Strahlungsaustausch gegenüber der Strahlung paralleler Flächen (19400/44800) = 43,3 %.

Vereinfacht man die ganze Rechnung und führt diese auf die Schirmaufgabe (die Kammerwände sollen der Schirm sein) zurück, so ergäbe sich aus $(\Theta_m/100)^4 = {}^1/_2 \{(\Theta_{EW}/100)^4 + (\Theta_{EK}/100)^4\} = {}^1/_2 (18930 + 3570)$, die mittlere Temperatur zu 756° C und die Wärmeabgabe zu $q = {}^1/_2 \cdot 44800 = 22400$ kcal/h, also gar nicht zu sehr abwegige Ergebnisse.

Mit dem Berechnungsgang unter Anwendung der Flächenstrahlung erreicht man also, wie zu erwarten war, eine genauere Bestimmung der Temperaturen. Mit ihrer Hilfe lassen sich auch die einzelnen Wandtemperaturen errechnen. Die Flächenteilchenstrahlung wäre anzuwenden, wenn man an örtlichen Wandpunkten die Temperaturen wissen will.

3,5 Die Auswirkungen der Einstrahlzahlen auf die Wärmeabgabe des Menschen und die Folgerungen hieraus

Die im Abschnitt (2,6) gegebene Tabelle (2,62) der mittleren Einstrahlzahlen des Menschen auf die Wohnraumflächen und von den Heizflächen der Deckenheizung, dem Heizkörper unter dem Fenster und dem Heizkörper an der Innenwand auf den Menschen ermöglicht mit den ermittelten Wandflächentemperaturen (3,21) die Berechnung der Wärmeverluste des Menschen bei verschiedener Stellung im Wohnraum. Der Berechnungsgang ist wie folgt.

3,51 Berechnung der Wärmeverluste des Menschen bei verschiedenen Heizungssystemen*)

Annahmen:

Raumlufttemperatur bei der Deckenheizung (DH)	+ 18° C
Raumlufttemperatur bei der Radiatorenheizung (HzA und HzI)	+ 20° C
Mittlere Temperatur der Deckenheizfläche	+ 50° C bei − 15° C
	+ 35° C bei ± 0° C
Mittlere Temperatur des unbeheizten Wandabstandes	+ 30° C bzw. 23° C
Mittlere Temperatur des Heizkörpers	+ 80° C
Wandtemperaturen bei der DH	+ 22° C
Fußbodentemperatur bei der DH	+ 23° C
Wand- und Fußbodentemperaturen bei der Radiatorenheizung	+ 20° C
Oberflächentemperatur des bekleideten Menschen bei der DH	+ 25,6° C

(0,228), bei der Radiatorenheizung + 24,5° C.

*) Nur Warmwasserheizungen, auf die sich auch die weiteren Ausführungen beziehen.

Strahlungszahlen für die Wand- und Heizflächen $C = 4{,}5\ \mathrm{kcal/m^2(°K)^4}$, damit für den Strahlungsaustausch

$$(10) \qquad C = \frac{4{,}5 \cdot 4{,}5}{4{,}96} = 4{,}1\ \mathrm{kcal/m^2h\ (°K)^4}$$

Wärmeabgabe des Menschen durch Verdunstung bei der DH (18° C) 19,8 kcal/h, bei der Radiatorenheizung (20° C) 23,4 kcal/h.
Wärmeabgabe durch Atmung und Bewegung 4,2 kcal/h.
Wärmeübergangszahl des Menschen an die Raumluft durch Konvektion $\alpha_{\mathrm{Konv}} = 3{,}5\ \mathrm{kcal/m^2h°C}$, damit für die DH Wärmeabgabe 47,8 kcal/h und für die Radiatorenheizung 28,4 kcal/h bei 1,8 m² Oberfläche des Menschen.

Deckenheizung (DH)

Stellung A

Vorderseite (VS), d. h. eine Körperhälfte

$$(9\,b) \qquad q = b \cdot C \cdot F \cdot \varphi (t_1 - t_2)\ \mathrm{kcal/h}$$

$q_{AW_1} = 1{,}01 \cdot 4{,}1 \cdot 0{,}9 \cdot 0{,}445\,(25{,}6 - 15{,}6)$	= 16,6 kcal/h
$q_{DF} = 0{,}985 \cdot 4{,}1 \cdot 0{,}9 \cdot 0{,}395\,(25{,}6 - 10{,}3)$	= 22,0 kcal/h
$q_{FB} = 1{,}05 \cdot 4{,}1 \cdot 0{,}9 \cdot 0{,}120\,(25{,}6 - 23)$	= 1,21 kcal/h
$q_{Se} = 1{,}05 \cdot 4{,}1 \cdot 0{,}9 \cdot 0{,}037\,(25{,}6 - 22)$	= 0,52 kcal/h
Wärmeabgabe durch Strahlung	40,3 kcal/h
Wärmeabgabe durch Konvektion	23,9 kcal/h
Wärmeabgabe durch Verdunstung	9,9 kcal/h
Wärmeabgabe durch Atmung und Bewegung	2,1 kcal/h
Gesamtwärmeabgabe der VS	—76,23 kcal/h

Einstrahlung von der Deckenfläche

$$q_D = 1{,}09 \cdot 4{,}1 \cdot 2 \cdot 0{,}0016\,(30 - 25{,}6) = +0{,}08\ \mathrm{kcal/h}$$

Rückseite (RS)

$q_{IW} = 1{,}05 \cdot 4{,}1 \cdot 0{,}9 \cdot 0{,}265\,(26{,}5 - 22)$	= 3,7 kcal/h
$q_{FB} = 1{,}05 \cdot 4{,}1 \cdot 0{,}9 \cdot 0{,}328\,(25{,}6 - 23)$	= 3,3 kcal/h
$q_{Se} = 1{,}05 \cdot 4{,}1 \cdot 0{,}9 \cdot 0{,}310\,(25{,}6 - 22)$	= 4,3 kcal/h
Strahlung	11,3 kcal/h
Konvektion, Verdunstung, Atmung und Bewegung	35,9 kcal/h
RS	— 47,2 kcal/h

Einstrahlung $q_D = 1{,}2 \cdot 4{,}1 \cdot 14 \cdot 0{,}0063\,(50 - 25{,}6) = +10{,}6\ \mathrm{kcal/h}$
Gesamtwärmeabgabe $= -76{,}2 - 47{,}2 + 0{,}1 + 10{,}6 = -112{,}7\ \mathrm{kcal/h}$

Die Berechnung für die weiteren Stellungen B bis F' gehen in gleicher Weise vor sich, wie dies auch für die Radiatorenheizung gilt.
Um nun noch die Veränderlichkeit des Einflusses von der Außenwand (AW) und dem Fenster bei Vergrößerung des Abstandes von der AW zu zeigen, werden die Werte für die Stellungen C und F, F' bei der DH denjenigen bei der Stellung A gegenübergestellt.

Stellung		A		C		F, F'	
		VS	RS	VS	RS	VS	RS
Wärme	q_{AW_2}	16,6		7,2		5,5	
abgabe	q_{Fe}	22,0		4,7		4,2	
durch Strah-	q_{FB}	1,2	3,3	3,3	1,2	3,0	1,1
lung	q_{Se}	0,5	4,3	4,3	0,5	5,4	1,2
kcal/h	q_{IW}		3,7		11,7		11,2

Die folgende Tabelle (3,52) ist die Zusammenstellung sämtlicher ermittelter Werte für den Wärmeverlust des Menschen bei der Deckenheizung (DH), der Radiatorenheizung mit dem Heizkörper in der Fensterbrüstung (HzA) und der Radiatorenheizung mit dem Heizkörper an der seitlichen Innenwand (HzI) bei den verschiedenen Stellungen des Menschen in dem beheizten Wohnraum nach Bild 23.

3,53 Interpretation der Resultate

Mit den Einstrahlzahlen der Decken- und Wandflächen auf die Außenwand und das Fenster (2,5) wurden die Wandtemperaturen für die verschiedenen Heizsysteme (3,2) unter für den Zweck dieser Abhandlung zulässigen vereinfachten Annahmen bestimmt (vollständige Wandtemperaturbestimmungen siehe Ges. Ing. Bd. 70 (1949) S. 22/28). Diese Wandtemperaturen im Einklang mit den Einstrahlzahlen des Menschen auf die Wand- und Fensterflächen (2,6) erbrachten die Wärmeabgaben des Menschen (3,52). Die unterschiedliche Anordnung der örtlichen Heizflächen im Raum muß sich auf die Temperaturverteilung der Wandflächen auswirken. Dies bringt die Tabelle (3,21) zum Ausdruck. Dadurch wird der Mensch auch betroffen. Es kann also der *Standort des Menschen* im Wohnraum *nicht ohne Einfluß auf die menschliche Wärmeabgabe* sein. Der mittelbare Wärmeaustausch des Menschen mit den Wandflächen durch die Luftbewegung (Konvektion, hierdurch bewegte oder dynamische Heizung) gibt dies nicht zu erkennen, da durch die Luftströmungen und Molekularbewegungen der erwärmten Luftteilchen ein rascher Ausgleich der Temperaturunterschiede der Luftmasse erfolgt. Der unmittelbare Wärmeaustausch (Strahlung, hier-

3,52 Wärmeverluste des Menschen bei der Decken- und Radiatorenheizung und verschiedenem Raumaufenthaltsort

Die Wärmeabgabe des Menschen im Wohnraum in kcal/h				A VS	A RS	B VS	B RS	C VS	C RS	D, D′ VS	D, D′ RS	E, E′ VS	E, E′ RS	F, F′ VS	F, F′ RS
DH	— 15° C	Wärmeabgabe	—	76,2	47,2	63,1	48,2	55,3	49,4	66,65	47,5	60,1	48,0	53,8	49,0
		Wärmezufuhr	+	0,1	10,6	4,7	6,3	10,2	0,4	0,05	9,6	4,1	4,7	8,5	0,24
		Σ (VS), Σ (RS)		— 76,1	— 36,6	— 58,4	— 41,9	— 45,1	— 49,0	— 66,6	— 3[illegible],9	— 56,0	— 43,3	— 45,3	— 48,7
		Σ (VS + RS)		— 113		— 100		— 94		— 105		— 99		— 94	
	± 0° C	Σ (VS), Σ (RS)		69,0	43,4	— 56,9	— 48,9	— 48,9	— 49,2	— 64,3	— 44,1	— 55,2	— 46,3	— 48,5	— 48,9
		Σ (VS + RS)		— 112		— 103		— 98		— 108		— 102		— 97	
HzA	— 15° C	Wärmeabgabe	—	55,5	45,2	55,6	45,3	51,0	45,0	62,2	45,1	54,0	44,7	50,0	45,1
		Wärmezufuhr	+	88,0	0	25,0	0	10,8	0	25,8	0	17,0	0	8,8	0
		Σ (VS), Σ (RS)		+ 32,5	— 45,2	— 30,6	— 45,3	— 40,2	— 45,0	— 36,4	— 45,1	— 37,0	— 44,7	— 41,2	— 45,1
		Σ (VS + RS)		— 13		— 76		— 85		— 81		— 82		— 86	
	± 0° C	Σ (VS), Σ (RS)		+ 6,8	— 45,2	— 34,3	— 45,3	+ 41,2	— 45,0	— 37,4	— 45,1	— 38,7	— 44,7	— 42,1	— 45,1
		Σ (VS + RS)		— 38		— 80		— 86		— 82		— 83		— 87	
HzI	— 15° C	Wärmeabgabe	—	72,7	45,2	60,3	45,3	53,0	45,0	67,0	45,1	57,3	44,7	51,9	45,1
		Wärmezufuhr	+	0	1,2	0	6,0	4,2	4,2	0	4,4 2,9	0	2,6 5,7	1,1 10,4	1,1 10,4
		Σ (VS), Σ (RS)		— 72,7	— 44,0	— 60,3	— 39,3	— 48,8	— 40,8	— 67,0	— 40,7 — 42,2	— 57,3	— 42,1 — 39,9	— 50,8 — [illegible]1,5	— 44,0 — 34,7
		Σ (VS + RS)		— 117		— 100		— 90		— 108 — 109		— 99 — 97		— 95 — 76	
	± 0° C	Σ (VS), Σ (RS)		— 55,4	— 44,5	— 53,7	— 41,9	— 47,0	— 42,5	— 57,4	— 42,6 — 43,4	— 51,9	— 43,2 — 41,5	— 48,3 — 43,0	— 44,5 — 39,2
		Σ (VS + RS)		— 100		— 96		— 90		— 100 — 101		— 95 — 93		— 93 — 82	

DH — Deckenheizung. *HzA* — Heizkörper in Fensterbrüstung. *HzI* — Heizkörper an Seitenwand. *VS* — Vorderseite des Menschen (eine Körperhälfte). *RS* — Rückseite des Menschen.

durch stille oder statische Heizung) mit den verschieden temperierten Wandflächen je nach der Beheizungsart ist demnach der Hauptkomponent in der differenzierten Wärmeabgabe des Menschen. Daß dies bisher in diesem Maße unbekannt blieb, ist dem Ausgleich durch die physische und psychologische Reaktionsfähigkeit des Menschen in seinem Wärmeempfinden zuzuschreiben.

Sofern die Temperaturverhältnisse im Raum in den Grenzen des individuellen Regelbereiches liegen, ist ein genügendes Wohlempfinden gesichert, das aber bei Temperaturverhältnissen an der unteren Grenze des Regelintervalles (in Kälterichtung) physiologisch temporär ist. (Der individuelle Regelbereich soll ein merkbares Schwitzen und Kälteschauern ausschließen.) Um jederzeit sicher zu gehen, ist daher das Ausgleichsvermögen auf die Warmseite zu verlegen und eine bestimmte Prophylaxe dem physischen Regelvorgang zu geben. Eine geringe Übererwärmung kann fast augenblicklich behoben werden, nicht dagegen eine Untererwärmung, bedingt durch die Trägheit des Heizsystems, wenn man die Freizügigkeit des Standortes des Menschen im Raum beibehalten will. Weiterhin ist eine Stabilität anzustreben, d. h. Kleinstwerte für die Abweichung von dem Bestwert.

Auf die Wärmeabgabe des Menschen bezogen, heißt dies einen bestimmten Wert zugrunde zu legen, der bei beliebiger Stellung im Raum und beliebigem Heizsystem mit geringeren Abweichungen stets erreicht wird. Das Heizsystem, das diesem Verlangen zu entsprechen vermag, ist als günstigstes anzusehen.

Vergleicht man zu diesem Zweck die errechneten Werte der Aufstellung (3,52), so ergibt sich folgendes Bild:

Wärmeabgabe des Menschen	Maximumwerte kcal/h	Minimumwerte kcal/h	Mittelwerte kcal/h	Abweichung vom Mittelwert
DH	113	94	103,5	9,5
	112	97	104,5	7,5
HzI	117	76	96,5	20,5
	105	82	93,5	10,5
HzA	86	13	49,5	36,5
	87	38	62,5	24,5

Die Deckenheizung weist demnach die geringsten Schwankungen auf. Es sind aber noch die Verhältnisse für die beiden Körperhälften zu werten. Hier ergibt sich folgende Gegenüberstellung:

Wärmeabgabe einer Körperseite	Maximumwert *VS*	Dazugehöriger Wert *RS*	Verhältnis *VS/RS*
DH	76	47	1,62
HzI	73	45	1,62
HzA	62	45	1,37

Die im Durchschnitt gleichmäßigste Belastung von Vorderseite und Rückseite tritt bei der Heizkörperheizung mit dem Heizkörper in der Fensterbrüstung auf (s. 3,52),

Nun ist noch zu beachten, daß die HzA Abweichungen nur nach der Warmseite aufweist und der Extremwert der größten Wärmeabgabe noch günstiger als die Minimumwerte bei der DH und HzA ist. Dies entspricht also den für die Regelung gestellten Forderungen. Ist die HzA demnach richtig berechnet, ausgeführt und wird sie richtig betrieben, dann ist diese auf den ungünstigsten Raumpunkt zugeschnitten, und jeder andere Ort im Raum kann nicht kühler empfunden werden. Nachteilig kann nur eine zu starke Einstrahlung in nächster Umgebung des örtlichen Heizkörpers bei höherer Temperatur sein.

Die DH sichert wohl eine gleichmäßige Wärmeabgabe im Raum mit Ausnahme in der Fensternähe. Hier wird der einseitige Wärmeentzug durch Abstrahlung für das menschliche Wohlempfinden zu stark und daher als unangenehm verspürt. Noch ungünstiger im gleichen Sinne wirkt die HzI jedoch nur bei tieferen Außentemperaturen. (Diese Erkenntnisse bei der DH und HzI stimmen mit der Erfahrung überein. Durch die Berechnung wurde der Beweis hierfür erbracht.)

Bei Wertung der drei Heizungsarten nach diesen Gesichtspunkten kommt man zu der Reihenfolge

1. HzA, 2. DH und 3. HzI.

Aus den vorstehenden Darlegungen ist ersichtlich, daß die DH nur den Nachteil der Fensterempfindlichkeit aufweist, sonst aber den beiden anderen Heizarten überlegen ist. Um den Nachteil zu tilgen, ist demnach die Anordnung einer Wandheizfläche unter dem Fenster erforderlich. Die Wandheizfläche braucht nur so groß zu sein, daß sich eine gleichmäßige Wärmebelastung der VS und RS des Menschen in der Nähe des Fensters ergibt. Dies sind 29 kcal/h auf den Menschen bezogen. Bei gleicher mittlerer Heizflächentemperatur wie bei der Decke erhält man die Größe der Wandheizfläche zu 1,30 m^2. Bei 2 m Fensterhöhe genügt also eine Höhe von 65 cm, dies wären 3 bis 4 Lagen Heizrohr je nach dem Heizrohrabstand. Diese Heizfläche ist in der oberen Hälfte der Brüstung anzuordnen mit 10 bis 15 cm Fensterkantenabstand aus Sicherheitsgründen beim Anheizen und wegen geringerer

Wärmeverluste der Brüstungsoberfläche nach dem Fenster zu. Eine gute Wärmeabdämmung bei der Wandheizfläche ist nach außen durchzuführen.
Bei der DH ist die Strahlungswärme auf den Menschen etwa 10 kcal/h, die bei den Radiatorenheizungen in näherer Umgebung des Heizkörpers um ein Mehrfaches übertroffen wird. Eine besonders unangenehme Einstrahlung bei der DH, auch wenn man gegebenenfalls die Kopffläche allein betrachtet, kann man daher bei normaler Ausführung (Deckentemperatur nicht über 35° C) nicht erkennen.
Bei liegendem Aufenthalt des Menschen (Krankenbett, Schlafzimmer) steigert sich die Einstrahlwärme bei der DH auf etwa 25 kcal/h, und die Abstrahlung nach dem Fenster und der Außenwand vermindert sich. Die Verhältnisse bei der Wärmeabgabe von VS und RS sowie die Schwankungswerte verbessern sich nicht unwesentlich. Eine leichtere Bedeckung beim Liegen oder Schlafen ist damit zulässig. Für Operationsräume ist diese Sachlage von besonderem Vorteil.
Es besteht nun eine Relation zwischen der Wärmeabgabe des Menschen bei den verschiedenen Heizsystemen (3,52) und deren unterschiedlichen Wärmeverluste. Die Tabelle (3,21) zeigt, daß die HzA die größten Wärmeverluste hat, anschließend die DH und die HzI folgen, wobei man jedoch den unter der Tabelle stehenden Satz beachten muß. Dies entspricht nicht zufällig der Reihenfolge der zuvor durchgeführten Bewertung der drei Heizarten.
Betrachtet man nochmals die ungünstigsten Werte der menschlichen Wärmeabgabe bei den drei Heizflächenanordnungen, also 117, 113 und 86 kcal/h für die HzI, DH und HzA, so sind die Wärmeverluste hierfür 61, 66 und 71 kcal/m^{2}h. Einigt man sich auf einen gemeinsamen Wert von 100 kcal/h, so steigen die Wärmeverluste bei der HzI und DH, bei der HzA fallen sie dagegen. Bei der HzI und DH würden sich hierdurch die Verhältnisse am Fenster verbessern, aber auf Kosten eines größeren Wärmeaufwandes, der eine allgemeine Erhöhung der Raumtemperatur verursacht. An den anderen Stellen des Raumes wäre demnach des Guten zuviel getan. Bei der HzA könnte die Raumtemperatur ermäßigt werden. Der Aufenthalt am Fenster und Raummitte bleibt trotzdem noch angenehm.
Zusammenfassend können die Ergebnisse der Untersuchungen wie folgt formuliert werden:

1. Die Größe und der Standort der ungünstigsten Wärmeabgabe des Menschen im Raum sind bei der HzA, DH und HzI verschieden. Bei gleichem Wärmeverlust des Raumes vermindern sich die Unterschiede in der ungünstigsten Wärmeabgabe, ohne diese jedoch aufzuheben. Geringere Außentemperaturen verkleinern desweiteren das Gefälle zwischen ungünstigster und günstigster Wärmeabgabe innerhalb einer Beheizungsart.

2. Praktische Versuchsdurchführungen zur Ermittlung des geringsten Brennstoffaufwandes für die eine oder andere der drei Heizungsarten sind daher müßig, da für jede Heizart auf Grund des Grenzbereiches und Veränderlichkeit der Wärmeabgabe des Menschen im Raum eine Brennstoffersparnis gegenüber der anderen ermittelt werden kann. (Die bisherigen Versuchsergebnisse mit ihren sich widersprechenden Resultaten bestätigen dies.)
3. Die Radiatorenheizung mit dem Heizkörper unter dem Fenster (möglichst die Fensterbreite ausfüllend) ist eine für Büro-, Schul- und Wohnräume gut geeignete Heizungsform. Die Radiatorenheizung mit dem Heizkörper an der Innenwand (möglichst parallel dem Fenster oder an der Seitenwand dem Fenster nahe) ist für Wohnräume mit geringeren Ansprüchen zulässig.
   Die Deckenheizung ist für Wohn- und Krankenräume (Daueraufenthaltsräume) geeignet. Sie wird zur geeignetsten Heizung für diese Räume, wenn ein Teil der Heizfläche als Wandheizfläche unter dem Fenster angeordnet wird.

4
ZUSAMMENFASSUNG

In dem ersten Teil der Abhandlung wurden für den beheizten, gekühlten oder auch beleuchteten Raum, der in seiner geometrischen Gestalt als Parallelepipedon (Quader oder Würfel) anzusehen ist, sämtliche bisher noch unbekannten Gleichungen zur Ermittlung der Winkelverhältnisse bei der Wärmestrahlung von rechtwinkligen Flächen aufgestellt. [Bekannt waren bisher die Fälle (1,21), (1,221), (1,222), (1,223), (1,231) und (1,232).] Es wurde dabei gleichzeitig eine einfachere mathematische Schreibweise für diese Gleichungen eingeführt. Die Gesetzmäßigkeit der Gleichungsbildung für die Flächenstrahlung konnte hierdurch erkannt und formuliert werden.
Im zweiten Teil wurden an Hand der abgeleiteten Gleichungen die Einstrahlzahlen von den Heizflächen der Deckenheizung und den Radiatorenheizungen mit örtlichen Heizkörpern unter dem Fenster und an der Innenwand auf die Wandflächen und den Menschen sowie von dem Menschen auf die Wandflächen ermittelt. Durch die Berechnung dieser Einstrahlzahlen ließen sich allgemein gültige Gesetze der Summenstrahlung aufstellen.
Die graphische Darstellung der Einstrahlzahlen für teilweise beheizte oder gekühlte Wandflächen wurde erstmalig gezeigt. Es fand ferner die graphische Darstellung der Strahlungsverhältnisse bei Vollwandflächen von Gerbel (1917) und Kalous (1937) auf mathematischer Grundlage ihre Richtigstellung.
Der dritte Teil der Arbeit ist die praktische Auswertung der vorhergehenden Abschnitte. Für die Deckenheizung wurde der günstige Außenwandabstand der Rohrregister bei den verschiedenen Deckenkonstruktionen bestimmt. Unter Benutzung der berechneten Einstrahlzahlen ergaben sich die Oberflächentemperaturen der Außenwand und des Fensters bei der Deckenheizung und der Radiatorenheizung mit dem Heizkörper unter dem Fenster und an der Innenwand. Eine weitere Untersuchung erstreckte sich über die Wirksamkeit der Kühlung eines Wohnraumes im Sommer bei Kaltwasserdurchlauf in den Rohrregistern der Deckenheizfläche. Es bestätigte sich die in der Literatur des öfteren vertretene Ansicht, daß sich mit der Deckenheizung auch eine ausreichende Kühlung im Sommer bewerkstelligen läßt. An Hand eines im Fachschrifttum gegebenen Beispiels der Wärmeaustauschberechnung in einem Industrieofen wurde anstatt der bisher nur möglichen Flächenteilchenstrahlung, die durch die Abhandlung gegebene

Flächenstrahlung angewandt und bewiesen, daß die erstere Berechnungsart nur angenähert zutreffende Werte ergeben kann.
Als letzter und wichtigster Abschnitt des dritten Teils der Arbeit wurden die Auswirkungen der Einstrahlzahlen auf die Wärmeabgabe des Menschen in einem deckenbeheizten und mittels örtlichen Heizkörpern erwärmten Wohnraum untersucht. In der Heiztechnik begnügte man sich bisher mit der Gesamtstrahlung der Heizflächen auf die Begrenzungsflächen des Raumes. Die Erkenntnis, daß sich durch die Unterteilung der Gesamtstrahlung auf die einzelnen Wandflächen und auch auf den Menschen sich wichtige Schlüsse hinsichtlich der Heizwirkung bei verschiedener Anordnung der örtlichen Heizflächen im Wohnraum ziehen lassen, lag bisher nicht vor. Es konnte nun Aufschluß über die Wärmeabgabe des Menschen im Wohnraum bei der Decken- und Radiatorenheizung gegeben werden. Für die Deckenheizung und die beiden Radiatorenheizungen wurden aus diesen Erkenntnissen die geeignetsten Anwendungsgebiete erschlossen.

4,1 Zahlentafel

Zahlenwerte der Funktion arc tg x

TD — Tafeldifferenz zur Interpolation

x	arc tg x	*TD*	x	arc tg x	*TD*	x	arc tg x	*TD*
0,00	0,0000	1000	0,39	0,3719	86	0,78	0,6624	62
0,01	0,01000	1000	0,40	0,3805	86	0,79	0,6686	61
0,02	0,02000	999	0,41	0,3891	85	0,80	0,6747	61
0,03	0,02999	999	0,42	0,3976	85	0,81	0,6808	60
0,04	0,03998	998	0,43	0,4061	84	0,82	0,6868	60
0,05	0,04996	997	0,44	0,4145	84	0,83	0,6928	59
0,06	0,05993	996	0,45	0,4229	83	0,84	0,6987	59
0,07	0,06989	994	0,46	0,4312	82	0,85	0,7036	58
0,08	0,07983	993	0,47	0,4394	81	0,86	0,7103	57
0,09	0,08976	991	0,48	0,4475	81	0,87	0,7160	57
0,10	0,09967	989	0,49	0,4556	80	0,88	0,7217	55
0,11	0,10956	987	0,50	0,4636	80	0,89	0,7272	55
0,12	0,11943	985	0,51	0,4716	79	0,90	0,7328	55
0,13	0,12928	982	0,52	0,4795	79	0,91	0,7383	55
0,14	0,13910	979	0,53	0,4874	77	0,92	0,7438	54
0,15	0,14889	977	0,54	0,4951	77	0,93	0,7492	53
0,16	0,15866	973	0,55	0,5028	77	0,94	0,7545	53
0,17	0,16839	970	0,56	0,5105	76	0,95	0,7598	52
0,18	0,17809	967	0,57	0,5181	75	0,96	0,7650	52
0,19	0,18776	964	0,58	0,5256	74	0,97	0,7702	51
0,20	0,19740	959	0,59	0,5330	74	0,98	0,7753	51
0,21	0,20699	956	0,60	0,5404	73	0,99	0,7804	50
0,22	0,21655	952	0,61	0,5477	73	1,00	0,7854	49
0,23	0,22607	947	0,62	0,5550	72	1,01	0,7903	49
0,24	0,23554	944	0,63	0,5622	71	1,02	0,7952	49
0,25	0,24498	939	0,64	0,5693	71	1,03	0,7801	49
0,26	0,25437	934	0,65	0,5764	70	1,04	0,8050	48
0,27	0,26371	930	0,66	0,5834	69	1,05	0,8098	47
0,28	0,27301	925	0,67	0,5903	69	1,06	0,8145	47
0,29	0,28226	920	0,68	0,5972	68	1,07	0,8192	46
0,30	0,29146	92	0,69	0,6040	67	1,08	0,8238	46
0,31	0,3006	91	0,70	0,6107	67	1,09	0,8284	46
0,32	0,3097	90	0,71	0,6174	66	1,10	0,8330	45
0,33	0,3187	90	0,72	0,6240	66	1,11	0,8375	44
0,34	0,3277	90	0,73	0,6306	65	1,12	0,8419	44
0,35	0,3367	89	0,74	0,6371	64	1,13	0,8463	44
0,36	0,3456	88	0,75	0,6435	64	1,14	0,8507	43
0,37	0,3544	88	0,76	0,6499	63	1,15	0,8550	43
0,38	0,3632	87	0,77	0,6562	62	1,16	0,8593	43

x	arc tg x	TD	x	arc tg x	TD	x	arc tg x	TD
1,17	0,8636	42	1,62	1,0178	27	2,07	1,1208	19
1,18	0,8678	42	1,63	1,0205	27	2,08	1,1227	19
1,19	0,8720	41	1,64	1,0232	27	2,09	1,1246	18
1,20	0,8761	41	1,65	1,0259	27	2,10	1,1264	18
1,21	0,8802	40	1,66	1,0286	27	2,11	1,1282	18
1,22	0,8842	40	1,67	1,0313	26	2,12	1,1300	18
1,23	0,8862	39	1,68	1,0339	26	2,13	1,1318	18
1,24	0,8921	39	1,69	1,0365	26	2,14	1,1336	18
1,25	0,8960	39	1,70	1,0391	26	2,15	1,1354	18
1,26	0,8999	39	1,71	1,0417	25	2,16	1,1372	18
1,27	0,9038	38	1,72	1,0442	25	2,17	1,1390	17
1,28	0,9076	38	1,73	1,0467	25	2,18	1,1407	17
1,29	0,9114	37	1,74	1,0492	25	2,19	1,1424	17
1,30	0,9151	37	1,75	1,0517	24	2,20	1,1441	17
1,31	0,9188	37	1,76	1,0541	24	2,21	1,1458	17
1,32	0,9225	36	1,77	1,0565	24	2,22	1,1475	17
1,33	0,9261	36	1,78	1,0589	24	2,23	1,1492	17
1,34	0,9297	36	1,79	1,0613	24	2,24	1,1509	17
1,35	0,9333	35	1,80	1,0637	24	2,25	1,1526	16
1,36	0,9368	35	1,81	1,0661	23	2,26	1,1542	16
1,37	0,9403	34	1,82	1,0684	23	2,27	1,1558	16
1,38	0,9437	34	1,83	1,0707	23	2,28	1,1574	16
1,39	0,9471	34	1,84	1,0730	23	2,29	1,1590	16
1,40	0,9505	34	1,85	1,0753	22	2,30	1,1606	16
1,41	0,9539	33	1,86	1,0775	22	2,31	1,1622	16
1,42	0,9572	33	1,87	1,0797	22	2,32	1,1638	16
1,43	0,9605	33	1,88	1,0819	22	2,33	1,1654	15
1,44	0,9638	33	1,89	1,0841	22	2,34	1,1669	15
1,45	0,9671	32	1,90	1,0863	22	2,35	1,1684	15
1,46	0,9703	32	1,91	1,0885	22	2,36	1,1700	15
1,47	0,9735	31	1,92	1,0907	21	2,37	1,1715	15
1,48	0,9766	31	1,93	1,0928	21	2,38	1,1730	15
1,49	0,9797	31	1,94	1,0949	21	2,39	1,1745	15
1,50	0,9828	81	1,95	1,0970	21	2,40	1,1760	15
1,51	0,9859	30	1,96	1,0991	20	2,41	1,1775	15
1,52	0,9889	30	1,97	1,1011	20	2,42	1,1790	15
1,53	0,9919	30	1,98	1,1031	20	2,43	1,1805	14
1,54	0,9949	30	1,99	1,1051	20	2,44	1,1819	14
1,55	0,9979	29	2,00	1,1071	20	2,45	1,1833	14
1,56	1,0008	29	2,01	1,1091	20	2,46	1,1847	14
1,57	1,0037	29	2,02	1,1111	20	2,47	1,1861	14
1,58	1,0066	28	2,03	1,1131	20	2,48	1,1875	14
1,59	1,0094	28	2,04	1,1151	19	2,49	1,1889	14
1,60	1,0122	28	2,05	1,1170	19	2,50	1,1903	14
1,61	1,0150	28	2,06	1,1189	19	2,51	1,1917	14

x	arc tg x	TD	x	arc tg x	TD	x	arc tg x	TD
2,52	1,1931	14	2,97	1,2460	10	3,42	1,2863	8
2,53	1,1945	13	2,98	1,2470	10	3,43	1,2871	8
2,54	1,1958	13	2,99	1,2480	10	3,44	1,2879	8
2,55	1,1971	13	3,00	1,2490	10	3,45	1,2887	8
2,56	1,1984	13	3,01	1,2500	10	3,46	1,2895	8
2,57	1,1997	13	3,02	1,2510	10	3,47	1,2903	8
2,58	1,2010	13	3,03	1,2520	10	3,48	1,2911	8
2,59	1,2023	13	3,04	1,2530	10	3,49	1,2919	7
2,60	1,2036	13	3,05	1,2540	10	3,50	1,2926	7
2,61	1,2049	13	3,06	1,2550	10	3,51	1,2933	7
2,62	1,2062	13	3,07	1,2560	10	3,52	1,2940	7
2,63	1,2075	13	3,08	1,2570	10	3,53	1,2947	7
2,64	1,2088	12	3,09	1,2579	9	3,54	1,2954	7
2,65	1,2100	12	3,10	1,2588	9	3,55	1,2961	7
2,66	1,2112	12	3,11	1,2597	9	3,56	1,2968	7
2,67	1,2124	12	3,12	1,2606	9	3,57	1,2975	7
2,68	1,2136	12	3,13	1,2615	9	3,58	1,2982	7
2,69	1,2148	12	3,14	1,2624	9	3,59	1,2989	7
2,70	1,2160	12	3,15	1,2633	9	3,60	1,2998	7
2,71	1,2172	12	3,16	1,2642	9	3,61	1,3005	7
2,72	1,2184	12	3,17	1,2651	9	3,62	1,3012	7
2,73	1,2196	12	3,18	1,2660	9	3,63	1,3019	7
2,74	1,2208	12	3,19	1,2669	9	3,64	1,3026	7
2,75	1,2220	12	3,20	1,2678	9	3,65	1,3033	7
2,76	1,2232	12	3,21	1,2687	9	3,66	1,3040	7
2,77	1,2244	12	3,22	1,2696	9	3,67	1,3047	7
2,78	1,2256	11	3,23	1,2705	9	3,68	1,3054	7
2,79	1,2267	11	3,24	1,2714	9	3,69	1,3061	7
2,80	1,2278	11	3,25	1,2723	9	3,70	1,3068	7
2,81	1,2289	11	3,26	1,2732	9	3,71	1,3075	7
2,82	1,2300	11	3,27	1,2741	9	3,72	1,3082	7
2,83	1,2311	11	3,28	1,2750	9	3,73	1,3089	7
2,84	1,2322	11	3,29	1,2759	8	3,74	1,3096	7
2,85	1,2333	11	3,30	1,2767	8	3,75	1,3103	7
2,86	1,2344	11	3,31	1,2775	8	3,76	1,3110	7
2,87	1,2355	11	3,32	1,2783	8	3,77	1,3117	7
2,88	1,2366	11	3,33	1,2791	8	3,78	1,3124	7
2,89	1,2377	11	3,34	1,2799	8	3,79	1,3131	6
2,90	1,2388	11	3,35	1,2807	8	3,80	1,3137	6
2,91	1,2399	11	3,36	1,2815	8	3,81	1,3143	6
2,92	1,2410	10	3,37	1,2823	8	3,82	1,3149	6
2,93	1,2420	10	3,38	1,2831	8	3,83	1,3155	6
2,94	1,2430	10	3,39	1,2839	8	3,84	1,3161	6
2,95	1,2440	10	3,40	1,2847	8	3,85	1,3167	6
2,96	1,2450	10	3,41	1,2855	8	3,86	1,3173	6

x	arc tg x	TD	x	arc tg x	TD	x	arc tg x	TD
3,87	1,3179	6	4,32	1,3430	5	4,77	1,3640	4
3,88	1,3185	6	4,33	1,3435	5	4,78	1,3644	4
3,89	1,3191	6	4,34	1,3440	5	4,79	1,3648	4
3,90	1,3197	6	4,35	1,3445	5	4,80	1,3652	4
3,91	1,3203	6	4,36	1,3450	5	4,81	1,3656	4
3,92	1,3209	6	4,37	1,3455	5	4,82	1,3660	4
3,93	1,3215	6	4,38	1,3460	5	4,83	1,3664	4
3,94	1,3221	6	4,39	1,3465	5	4,84	1,3668	4
3,95	1,3227	6	4,40	1,3470	5	4,85	1,3672	4
3,96	1,3233	6	4,41	1,3475	5	4,86	1,3676	4
3,97	1,3239	6	4,42	1,3480	5	4,87	1,3680	4
3,98	1,3245	6	4,43	1,3485	5	4,88	1,3684	4
3,99	1,3251	6	4,44	1,3490	5	4,89	1,3688	4
4,00	1,3257	6	4,45	1,3495	5	4,90	1,3692	4
4,01	1,3263	6	4,46	1,3500	5	4,91	1,3696	4
4,02	1,3269	6	4,47	1,3505	5	4,92	1,3700	4
4,03	1,3275	6	4,48	1,3510	5	4,93	1,3704	4
4,04	1,3281	6	4,49	1,3515	5	4,94	1,3708	4
4,05	1,3287	6	4,50	1,3520	5	4,95	1,3712	4
4,06	1,3293	6	4,51	1,3525	5	4,96	1,3716	4
4,07	1,3299	6	4,52	1,3530	5	4,97	1,3720	4
4,08	1,3305	6	4,53	1,3535	5	4,98	1,3724	4
4,09	1,3311	6	4,54	1,3540	5	4,99	1,3728	4
4,10	1,3317	6	4,55	1,3545	5	5,00	1,3732	19
4,11	1,3323	6	4,56	1,3550	5	5,05	1,3751	19
4,12	1,3329	6	4,57	1,3555	5	5,10	1,3770	19
4,13	1,3335	5	4,58	1,3560	5	5,15	1,3789	19
4,14	1,3340	5	4,59	1,3565	5	5,20	1,3808	18
4,15	1,3345	5	4,60	1,3570	5	5,25	1,3826	17
4,16	1,3350	5	4,61	1,3575	5	5,30	1,3843	17
4,17	1,3355	5	4,62	1,3580	4	5,35	1,3860	17
4,18	1,3360	5	4,63	1,3584	4	5,40	1,3877	16
4,19	1,3365	5	4,64	1,3588	4	5,45	1,3893	16
4,20	1,3370	5	4,65	1,3592	4	5,50	1,3909	16
4,21	1,3375	5	4,66	1,3596	4	5,55	1,3925	16
4,22	1,3380	5	4,67	1,3600	4	5,60	1,3941	15
4,23	1,3385	5	4,68	1,3604	4	5,65	1,3956	15
4,24	1,3390	5	4,69	1,3608	4	5,70	1,3971	15
4,25	1,3395	5	4,70	1,3612	4	5,75	1,3986	15
4,26	1,3400	5	4,71	1,3616	4	5,80	1,4001	14
4,27	1,3405	5	4,72	1,3620	4	5,85	1,4015	14
4,28	1,3410	5	4,73	1,3624	4	5,90	1,4029	14
4,29	1,3415	5	4,74	1,3628	4	5,95	1,4043	13
4,30	1,3420	5	4,75	1,3632	4	6,00	1,4056	13
4,31	1,3425	5	4,76	1,3636	4	6,05	1,4069	13

x	arc tg x	TD	x	arc tg x	TD	x	arc tg x	TD
6,10	1,4082	13	8,35	1,4514	7	12,2	1,4891	7
6,15	1,4095	13	8,40	1,4521	7	12,3	1,4898	6
6,20	1,4108	13	8,45	1,4528	7	12,4	1,4904	6
6,25	1,4121	13	8,50	1,4535	7	12,5	1,4910	6
6,30	1,4134	12	8,55	1,4542	7	12,6	1,4916	6
6,35	1,4146	12	8,60	1,4549	7	12,7	1,4922	6
6,40	1,4158	12	8,65	1,4556	7	12,8	1,4928	6
6,45	1,4170	12	8,70	1,4563	7	12,9	1,4934	6
6,50	1,4182	11	8,75	1,4570	7	13,0	1,4940	6
6,55	1,4193	11	8,80	1,4577	6	13,1	1,4946	6
6,60	1,4204	11	8,85	1,4583	6	13,2	1,4952	6
6,65	1,4215	11	8,90	1,4589	6	13,3	1,4958	6
6,70	1,4226	11	8,95	1,4595	6	13,4	1,4964	5
6,75	1,4237	11	9,00	1,4601	12	13,5	1,4969	5
6,80	1,4248	11	9,10	1,4613	12	13,6	1,4974	5
6,85	1,4259	10	9,20	1,4625	12	13,7	1,4979	5
6,90	1,4269	10	9,30	1,4637	11	13,8	1,4984	5
6,95	1,4279	10	9,40	1,4648	11	13,9	1,4989	5
7,00	1,4289	10	9,50	1,4659	11	14,0	1,4994	5
7,05	1,4299	10	9,60	1,4670	11	14,1	1,4999	5
7,10	1,4309	10	9,70	1,4681	10	14,2	1,5004	5
7,15	1,4319	10	9,80	1,4691	10	14,3	1,5009	5
7,20	1,4329	9	9,90	1,4701	10	14,4	1,5014	5
7,25	1,4338	9	10,0	1,4711	10	14,5	1,5019	5
7,30	1,4347	9	10,1	1,4721	10	14,6	1,5024	5
7,35	1,4356	9	10,2	1,4731	9	14,7	1,5029	5
7,40	1,4365	9	10,3	1,4740	9	14,8	1,5034	4
7,45	1,4374	9	10,4	1,4749	9	14,9	1,5038	4
7,50	1,4383	9	10,5	1,4758	9	15,0	1,5042	21
7,55	1,4392	8	10,6	1,4767	9	15,5	1,5102	21
7,60	1,4400	8	10,7	1,4776	9	16,0	1,5084	18
7,65	1,4408	8	10,8	1,4785	8	16,5	1,5102	18
7,70	1,4416	8	10,9	1,4793	8	17,0	1,5120	17
7,75	1,4424	8	11,0	1,4801	8	17,5	1,5137	16
7,80	1,4432	8	11,1	1,4809	8	18,0	1,5153	15
7,85	1,4440	8	11,2	1,4817	8	18,5	1,5168	14
7,90	1,4448	8	11,3	1,4825	8	19,0	1,5182	14
7,95	1,4456	8	11,4	1,4833	8	19,5	1,5196	12
8,00	1,4464	8	11,5	1,4841	8	20,0	1,5208	12
8,05	1,4472	7	11,6	1,4849	7	20,5	1,5220	12
8,10	1,4479	7	11,7	1,4856	7	21,0	1,5232	11
8,15	1,4486	7	11,8	1,4863	7	21,5	1,5243	11
8,20	1,4493	7	11,9	1,4870	7	22,0	1,5254	10
8,25	1,4500	7	12,0	1,4877	7	22,5	1,5264	9
8,30	1,4507	7	12,1	1,4884	7	23,0	1,5273	9

x	arc tg x	TD	x	arc tg x	TD	x	arc tg x	TD
23,5	1,5282	9	43	1,5476	5	115	1,5621	4
24,0	1,5291	9	44	1,5481	5	120	1,5625	3
24,5	1,5300	8	45	1,5486	5	125	1,5628	3
25,0	1,5308	8	46	1,5491	5	130	1,5631	6
25,5	1,5316	8	47	1,5496	4	140	1,5637	4
26,0	1,5324	7	48	1,5500	4	150	1,5641	4
26,5	1,5331	7	49	1,5504	4	160	1,5645	4
27,0	1,5338	7	50	1,5508	7	170	1,5649	3
27,5	1,5345	6	52	1,5515	7	180	1,5652	3
28,0	1,5351	6	54	1,5522	7	190	1,5655	3
28,5	1,5357	6	56	1,5529	6	200	1,5658	17
29,0	1,5363	6	58	1,5535	6	300	1,5675	8
29,5	1,5369	6	60	1,5541	5	400	1,5683	5
30,0	1,5375	11	62	1,5546	5	500	1,5688	3
31	1,5386	10	64	1,5551	5	600	1,5691	2
32	1,5396	9	66	1,5556	5	700	1,5693	2
33	1,5405	9	68	1,5561	4	800	1,5695	2
34	1,5414	8	70	1,5565	9	900	1,5697	1
35	1,5422	8	75	1,5574	9	1000	1,5698	3
36	1,5430	8	80	1,5583	7	1500	1,5701	2
37	1,5438	7	85	1,5590	7	2000	1,5703	2
38	1,5445	7	90	1,5597	6	3000	1,5705	1
39	1,5452	6	95	1,5603	5	5000	1,5706	1
40	1,5458	6	100	1,5608	5	10000	1,5707	1
41	1,5464	6	105	1,5613	4	25000	1,5708	
42	1,5470	6	110	1,5617	4	∞	$\pi/2$	

www.ingramcontent.com/pod-product-compliance
Lightning Source LLC
Chambersburg PA
CBHW081228190326
41458CB00016B/5713